油气储运工程师技术岗位资质认证丛书

工艺工程师

中国石油天然气股份有限公司管道分公司　编

石油工业出版社

内 容 提 要

本书系统介绍了油气储运工艺工程师所应掌握的专业基础知识、管理内容及相关知识，并分三个层级给出相应的测试试题。其中，第一部分专业基础知识重点介绍了输油气管道输送技术等；第二部分管理内容及知识重点介绍了工艺技术管理、站内管道及部件管道、工艺安全管理、站场工程项目管理、工艺基础资料管理等管理内容；第三部分为试题集，是评估相关从业人员岗位胜任能力的标准。

本书适用于油气储运工艺工程师技术岗位和相关管理岗位人员阅读，可作为业务指导及资质认证培训、考核用书。

图书在版编目（CIP）数据

工艺工程师/中国石油天然气股份有限公司管道分公司编.
—北京：石油工业出版社，2017.9
（油气储运工程师技术岗位资质认证丛书）
ISBN 978-7-5183-1814-8

Ⅰ.①工… Ⅱ.①中… Ⅲ.①油气运输-管道运输-技术培训-教材 Ⅳ.①TE973

中国版本图书馆 CIP 数据核字（2017）第 052489 号

出版发行：石油工业出版社
　　　　　（北京安定门外安华里 2 区 1 号　　100011）
　　网　　址：www.petropub.com
　　编辑部：(010)64523583　图书营销中心：(010)64523633
经　　销：全国新华书店
印　　刷：北京中石油彩色印刷有限责任公司

2018 年 1 月第 1 版　2018 年 1 月第 1 次印刷
787×1092 毫米　开本：1/16　印张：12.75
字数：320 千字

定价：55.00 元
（如出现印装质量问题，我社图书营销中心负责调换）

前　言

　　《油气储运工程师技术岗位资质认证丛书》是针对油气储运工程师技术岗位资质培训的系列丛书。本丛书按照专业领域及岗位设置划分编写了《工艺工程师》《设备(机械)工程师》《电气工程师》《管道工程师》《维抢修工程师》《能源工程师》《仪表自动化工程师》《计量工程师》《通信工程师》和《安全工程师》10个分册。对各岗位工作任务进行梳理，以此为依据，本着"干什么、学什么，缺什么、补什么"的原则，按照统一、科学、规范、适用、可操作的要求进行编写。作者均为生产管理、专业技术等方面的骨干力量。

　　每分册内容分为三部分，第一部分为专业基础知识，第二部分为管理内容，第三部分为试题集。其中专业基础知识、管理内容不分层级，试题集按照难易度和复杂程度分初、中、高三个资质层级，基本涵盖了现有工程师岗位人员所必须的知识点和技能点，内容上力求做到理论和实际有机结合。

　　《工艺工程师》分册由中国石油管道公司生产处牵头，锦州输油气分公司、济南输油气分公司、中原输油气分公司、长沙输油气分公司、大庆输油气分公司等单位参与编写。其中，崔茂林编写工艺专业基础知识及相关试题；张远洋编写工艺技术管理、站内管道及部件的管理及相关试题；尤庆宇编写工艺安全管理及相关试题；左迎春编写站场工程项目管理及相关试题；李超杰、吴杰编写工艺基础管理及相关试题；彭元编写岗位培训、法规文件管理及相关试题。尤庆宇统稿，最后由审核组审定。

　　在编写过程中，编写人员克服了时间紧、任务重等困难，占用大量业余时间，编者所在的单位和部门给予了大力的支持，在此一并表示感谢。因作者水平有限，内容难免存在不足之处，恳请广大读者批评指正，以便修订完善。

编者

目 录

第三部分 工艺工程师资质认证试题集

输油气工艺工程师工作任务和工作标准清单

序号	工作任务	工作步骤、目标结果、行为标准（输油、气站）		
		初级	中级	高级
业务模块一：工艺技术管理				
1	输油气运行工况分析	进行输油气运行工况分析		
2	审核操作票与操作监督	审核操作票	监督操作票的实施	
3	工艺及控制参数限值变更	编制工艺及控制参数限值变更方案		
4	编制月度工作计划	编制月度工作计划		
5	作业文件的编制		编写作业文件	
6	油气管道清管		组织实施清管作业	
7	成品油顺序输送混油切割与处理		编制混油处理装置启运方案	
8	站内工艺管网投产			编制站内工艺管网投产方案
业务模块二：站内管道及部件管理				
1	站内管道及部件的巡护	站内管道及部件巡检		
2	站内管道及部件维护保养计划编制		编制站内管道及部件维护保养计划	
3	站内管道及部件检修计划编制			编制站内管道及部件检修计划
业务模块三：工艺安全管理				
1	站场HAZOP分析	确定分析的对象、目的、范围及评价人员的职责，挑选评价小组	编制站场工艺风险与可操作分析步骤	编制HAZOP分析报告
2	组织本专业安全生产检查	编制专业检查表，组织有关人员进行检查	检查问题原因分析及整改	

续表

序号	工作任务	工作步骤、目标结果、行为标准（输油、气站）		
		初级	中级	高级
3	油气管道设施锁定管理	(1) 确定需要的部门门锁、个人锁锁定的部位。锁定管理上锁挂牌的六步操作法；(2) 根据锁定管理规定进行上锁和解锁及应急解锁	完成部门锁定和个人锁定	油气管道设施锁定管理的锁具的管理与维护
4	站内作业现场安全管理	站场施工工作准备	作业现场风险识别、评价与制定控制措施	签发作业许可的书面审查与现场审查
业务模块四：站场工程项目现场管理				
1	项目建议书编制		编制专项维修项目建议书。确定项目属性，工程概况，工程量，工程量的投资概算，预测效益估算，项目可行性及实施计划安排	
2	技术方案编制			编制技术方案。工程概况、编制工程技术方案的依据和原则
3	项目实施准备		审查承包商项目实施前需具备的条件。审查承包商资质、施工方案、办理开工报告，召开技术交底会	
4	项目现场管理	定期进行施工现场的HSE现场检查		
业务模块五：工艺基础管理				
1	工艺基础技术资料管理		(1) 技术资料分类原则；(2) 技术资料收集、整理归档方法；(3) 生产记录表格式；(4) 生产记录的保存形式	(1) 进行生产记录样式的编制、审批与更改；(2) 进行生产记录填写、收集归档、检索借阅以及编目储存和保护
2	站内管道及部件台账管理	(1) 对站内管道工艺流程及设备进行编号；(2) 按规范对站内管道及部件进行标识和使用；(3) 创建、更新站内管道及部件台账		
3	管理系统	(1) 录入站场ERP巡检结果；(2) 非线路类快速处理业务流程操作；(3) 填报PPS调度日报	(1) 非线路类自行处理业务流程操作；(2) 填报PPS场站作业计划	(1) 非线路类一般故障维修流程操作；(2) 填报PPS数据修改申请

第一部分　输油气工艺专业基础知识

第一章　输油管道输送技术

第一节　输油管道工艺计算

一、等温输油管道的工艺计算

1. 等温输油管道的工作特性

输油管道的工作特性是指管道压降与流量之间的关系。由于等温输油管道不需要考虑油流和周围介质的热交换，管内油品的能量损失只需考虑压力能的损耗。压力能损耗主要包括两部分：一是克服地形高差所需的位能，只与管路沿线地形有关，不随流量的变化而变化；二是克服油品沿管路流动过程中的摩擦及撞击引起的能量损失，称为摩阻损失，这部分能量损失与油品物性、流速及管道条件等因素有关。

1）输油管道摩阻损失

输油管道的摩阻损失根据产生的原因分为两种：一是油品流过直管段（或近似直管段）所产生的摩阻损失，称为沿程摩阻，用 h_1 表示；二是油品流过管件、阀件和设备等所产生的摩阻损失，称为局部摩阻，用 h_ξ 表示。长输管道的摩阻损失主要是沿程摩阻，局部摩阻只占 1%~2%，线路摩阻以沿程摩阻为主，站内摩阻以局部摩阻为主。

（1）沿程摩阻损失的计算。

① 用达西公式计算。管路的沿程摩阻损失 h_1 可按达西公式计算：

$$h_1 = \lambda \frac{L\omega^2}{2dg} \tag{1-1-1}$$

式中　h_1——沿程摩阻损失，m；

λ——水力摩阻系数；

L——管段长度，m；

d——管道计算内径，m；

ω——液流平均速度，m/s；

g——重力加速度，m/s²。

达西公式是计算水头损失的一个普遍性公式，对层流和紊流都适用，只是 λ 值有所不同。

水力摩阻系数 λ 是雷诺数 Re 和管壁相对当量粗糙度 ε 的函数。

$$\lambda = f(Re, \varepsilon) \tag{1-1-2}$$

$$Re = \frac{\omega d}{\nu} = \frac{4Q}{\pi d \nu} \tag{1-1-3}$$

$$\varepsilon = \frac{2e}{d} \tag{1-1-4}$$

式中 ν——输送温度下油品的运动黏度，m^2/s；

Q——管路中油品的体积流量，m^3/s；

e——管壁的绝对粗糙度，m。

油品在管道中的流态按雷诺数值来划分：$Re<2000$ 时，流态为层流；$2000<Re<3000$ 时，流态为过渡区；$Re>3000$ 时，流态为紊流，紊流流态又可分为水力光滑区、混合摩擦区和粗糙区 3 个区域。

在不同的流态区，水力摩阻系数与雷诺数和管壁相对当量粗糙度有不同的函数关系。

② 用列宾宗公式计算。

$$h_1 = \beta \frac{Q^{2-m} \nu^m}{d^{5-m}} L \tag{1-1-5}$$

$$\beta = \frac{8A}{4^m \pi^{2-m} g} \tag{1-1-6}$$

式中 A——查阅系数；

m——指数；

β——计算个数。

各流态区有不同的 A、m、β 值，可查阅有关文献。

（2）局部摩阻损失的计算。

局部摩阻 h_ξ 可按下式计算：

$$h_\xi = \xi \frac{\omega^2}{2g} \tag{1-1-7}$$

或者

$$h_\xi = \lambda \frac{L_D \omega^2}{2dg} \tag{1-1-8}$$

由式(1-1-7)和式(1-1-8)可得：

$$L_D = \xi \frac{d}{\lambda} \tag{1-1-9}$$

式中 ξ——管件或阀件的局部摩阻系数；

L_D——管件或阀件的当量长度。

管件或阀件的当量长度指与流体通过该管件或阀件产生的摩阻损失相当的同径直管段长度。各种管件或阀件的当量长度和局部摩阻系数值可查阅有关文献。

输油站内摩阻损失等于油品流经站内所有管道、管件、阀件和设备所产生的阻力损失之和。

2）管道的工作特性

管道工作特性指管径和管长一定的管道输送性质一定的油品时，管道压降 H 随流量 Q 变化的关系。

管道的工作特性可用公式或曲线表示，分别称为管道特性方程和管道特性曲线。

（1）管道特性方程。管道压降 H 计算公式：

$$H=h_1+h_\xi+(Z_Z-Z_Q) \tag{1-1-10}$$

结合前式可推导出：

$$H=\beta\frac{v^m L}{d^{5-m}}Q^{2-m}+\frac{8\xi}{\pi^2 d^4 g}Q^2+(Z_Z-Z_Q) \tag{1-1-11}$$

式中　Z_Z——管道终点高程，m；

　　　Z_Q——管道起点高程，m。

（2）管道特性曲线。管道特性方程可用特性曲线图表示，称为管道特性曲线，如图 1-1-1 所示。任何复杂管道总的特性曲线均可用管道中不同管段的特性曲线串联或并联得到。如图 1-1-2 和图 1-1-3 所示。

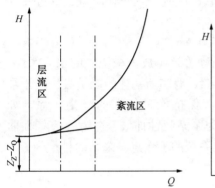 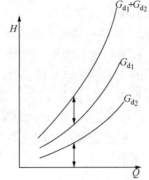 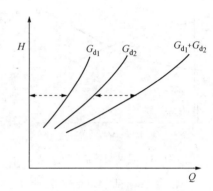

图 1-1-1　管道特性曲线　　图 1-1-2　串联管道总特性曲线　　图 1-1-3　并联管道总特性曲线

2. 输油泵站工作特性

输油泵站的工作特性指输油泵站提供的扬程与排量的相互关系。当一台泵机组工作时，该泵机组的工作特性（曲线）即为该泵站的工作特性（曲线）。由多台泵机组共同工作的泵站工作特性（曲线）由各台泵机组的工作特性（曲线）串联或并联相加而得。

1）离心输油泵的工作特性

在恒定转速下泵的扬程与排量（$H—Q$）的相互关系称为泵的工作特性。泵的工作特性还包括功率与排量（$N—Q$）和效率与排量（$\eta—Q$）特性等，如图 1-1-4 所示。

离心泵工作特性工艺计算：

$$H=a+bQ^{2-m} \tag{1-1-12}$$

式中　H——离心泵扬程，m；

　　　Q——离心泵排量，$\mathrm{m^3/s}$；

　　　a，b——常数；

　　　m——流态指数。

离心输油泵的工作特性受转速和流体物性等多种因素的影响。

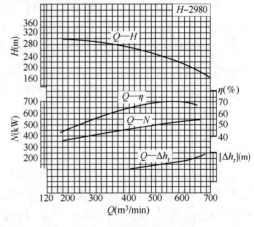

图 1-1-4　离心泵的特性曲线

2）泵站的工作特性

泵站的工作特性指泵站扬程 H_c 与排量 Q 的相互关系。

$$H_c = A + BQ^{2-m} \qquad (1-1-13)$$

式中　H_c——泵站扬程，m；

　　　Q——泵站排量，m^3/s；

　　　A，B——由离心泵特性和组合方式确定的常数。

（1）离心泵串联的泵站工作特性。离心泵串联组合的特点是通过每台泵的排量相同，均等于泵站的排量。泵站的扬程等于各泵扬程之和。

（2）离心泵并联的泵站工作特性。离心泵并联组合的特点是每台泵提供的扬程相同，均等于泵站的扬程，泵站的排量等于各泵排量之和。

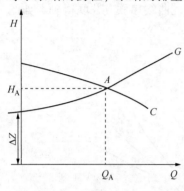

图1-1-5　泵站与管道的工作点

（3）离心泵串联加并联的泵站工作特性。泵站工作特性可由单泵特性(曲线)先串联相加然后并联而得，也可先并联然后串联相加而得。

3. 泵站—管道系统工作点

长输管道系统中泵站和管道组成一个统一的水力系统，管道的流量就是泵站的排量，管道所消耗的能量必然等于泵站所提供的压力能，二者保持能量供求的平衡关系。如图1-1-5所示，曲线 C 为泵站特性曲线，G 为管道特性曲线，二者的交叉点 A 成为系统的工作点，泵站的排量为 Q_A，出站压头为 H_A。

4. 等温输油管道的工艺计算

1）工艺计算所需的主要原始资料

（1）计算流量。按每年350天(8400h)计算：

$$Q = \frac{G \times 10^7}{\rho_{CP} \times 8400} m^3/h \quad 或 \quad Q = \frac{G \times 10^7}{\rho_{CP} \times 8400 \times 3600} m^3/s \qquad (1-1-14)$$

式中　G——年任务质量流量，$10^4 t/a$；

　　　Q——体积流量，m^3/h 或 m^3/s；

　　　ρ_{CP}——年平均地温下的油品密度，kg/m^3。

（2）管道埋深处的年平均温度。等温输油管道所输油品的温度一般接近于管道埋深处土壤温度，故管道埋深处土壤原始地温直接影响所输油品的黏度和密度。在进行水力计算时，一般采用年平均地温所对应的油品物性参数。年平均地温 t_{0CP} 计算公式：

$$t_{0CP} = \frac{1}{12}(t_{01} + t_{02} + \cdots + t_{012}) \qquad (1-1-15)$$

式中　t_{01}，t_{02}，$\cdots$，t_{012}——分别为1~12各月份的平均温度，℃。

（3）油品的密度。在进行水力计算时，油品的密度 ρ 采用管道埋深土壤年平均温度下的密度。由20℃时油品密度按下式进行换算：

$$\rho_t = \rho_{20} - \xi(t-20) \qquad (1-1-16)$$

式中　ρ_t，ρ_{20}——温度 t℃ 及20℃时的油品密度，kg/m^3；

　　　ξ——温度系数($\xi = 1.825 - 0.00131\rho_{20}$)，$kg/(m^3 \cdot ℃)$。

（4）油品黏度。油品运动黏度可按下式计算：

$$\nu_t = \nu_0 e^{-\mu(t-t_0)} \qquad (1-1-17)$$

式中　ν_t，ν_0——温度为 t 和 t_0 时油品的运动黏度，m^2/s；

　　　　μ——黏温指数，$℃^{-1}$。

（5）管材及工作压力。为了计算管壁厚度，必须事先确定出管道所用管材的等级、钢管的规格及泵站的出站压力。

（6）经济流速。当线路走向基本确定后，输油管道的经济性主要取决于设计方案的选择，通过技术经济分析确定投资效果最佳的设计方案，此时，设计输量就是所选管径对应的经济输量，罐内流速即为经济流速。

（7）管道纵断面图。管道纵断面图是按适当比例，在直角坐标系中，用来表示管道长度与沿线高程关系的图形。横坐标表示管道的实际长度，常用的比例为 1∶10000 到 1∶100000；纵坐标表示线路的高程，比例为 1∶500 到 1∶1000。纵断面图上的起伏情况与管道的实际地形并不相同。图 1-1-6 上的曲折线并不是管道的实长，水平线（横坐标 L）才是其实长。

2）管道的水力坡降线

图 1-1-6 中纵断面线表示管内流体位能的变化，水力坡降线表示管道沿线每单位长度的压力损失。管道沿线任一点水力坡降线与纵断面线之间的垂直距离表示液体流到该点时剩余的压头。

当水力坡降线与纵断面线相较于 e 点时表示液体到达该点时压能已耗尽，如需继续往前输送必须升压。

3）翻越点及计算长度

如图 1-1-7 所示，按起点终点高差由式(1-1-10)计算出的起点处压头 H 不能将液流输送到管道终点，因为式(1-1-10)没有考虑线路中途的高峰的影响，所以，应考虑高峰点 f 重新计算出起点压头 H_f。

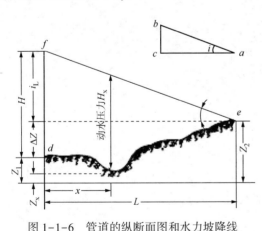

图 1-1-6　管道的纵断面图和水力坡降线

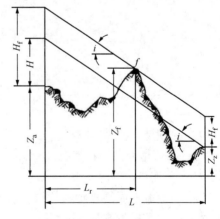

图 1-1-7　翻越点与计算长度

4）泵站数的确定

为了将油品从起点输往终点，长输管道消耗的压力常达几十兆帕。为了经济和安全地完成输送任务，需要在沿线设置若干个泵站来提供压力能，所有泵站提供的压力能总和等于管道消耗的压力。每个泵站提供的压力不能超过管道的强度，并在泵机组高效率区范围内。

二、热油输送管道工艺计算

1. 热油输送管道的热力计算

1）加热输送的目的

易凝、高黏油品当其凝点高于管道周围环境温度，或在环境温度下油流黏度很高时，均不能直接输送，必须采取措施降黏降凝或加热后输送。加热输送的目的是通过提高油品输送温度，使油品黏度降低，减少管路摩阻损失，或使管内最低油温维持在凝点以上，保证油品的安全输送。

2）加热输送的特点

（1）热油输送管道有两方面的能量损失：一是克服摩阻和高差的压能损失；二是油品与外界进行的热交换所引起的热能损失，因此，需要在沿线设置泵站和加热站；

（2）热油输送管道的工艺计算包括水力计算和热力计算两部分，而且摩阻损失和热损失相互联系、相互影响；

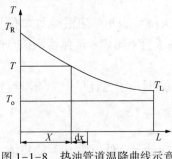

图 1-1-8 热油管道温降曲线示意

（3）热油输送管道需要根据油品黏度和凝点等物性来决定油流宜处于什么流态。

3）热油输送管道的温降规律

在两个加热站之间的管路上，油流沿线温度梯度是不同的，离出站较近的管段油品温度较高，油流与周围介质的温差较大温降就快。而在之后的管段，油品温度较低，温降就减慢。热油输送管道的温降曲线示意图 1-1-8 所示。

管道沿线温度分布公式：

$$T_L = (T_0 + b) + [T_R - (T_0 + b)] e^{-aL} \qquad (1-1-18)$$

$$\left(a = \frac{K \pi D}{Gc} \right)$$

$$\left(b = \frac{giG}{K \pi D} \right)$$

式中　a——参数；

　　　b——参数；

　　　T_L——距起点 L 处的温度，℃；

　　　T_0——管道周围的自然温度，℃；

　　　T_R——加热站的出站温度，℃；

　　　K——油流至周围介质的总传热系数，W/(m²·℃)；

　　　G——油品质量流量，kg/s；

　　　c——油品的比热容，J/(kg·℃)；

　　　D——管道外径，m；

　　　L——管道加热输送到的位置与管道起点的距离，m；

　　　i——油流水力坡降；

　　　g——重力加速度，m/s²。

如果管线距离不长、管径小、流速低、温降较大或者在比较粗略地计算温降时，可令

$b=0$，此时式（1-1-18）变为著名的苏霍夫公式：

$$T_L=T_0+(T_R-T_0)\,e^{-aL}\text{ 或 }T_L=T_0+(T_R-T_0)\,e^{-(K\pi DL/Gc)} \tag{1-1-19}$$

苏霍夫公式是在稳定工况下进行热力计算的基本公式。

4）总传热系数和比热容的确定

总传热系数 K 指当油流与周围介质的温差为 1℃时，单位时间内通过每平方米传热表面所传递的热量，它表示油流至周围介质散热的强弱。

（1）总传热系数的确定。对于无保温层的大口径（500mm 以上）管道，可忽略内外管径的差值，总传热系数 K 值可近似按下式计算：

$$K=\cfrac{1}{\cfrac{1}{\alpha_1}+\sum\cfrac{\delta_i}{\lambda_i}+\cfrac{1}{\alpha_2}} \tag{1-1-20}$$

式中 α_1——油流至管内壁的放热系数，$W/(m^2\cdot℃)$；

α_2——管最外层至周围介质的放热系数，$W/(m^2\cdot℃)$；

δ_i——第 i 层的厚度，m；

λ_i——第 i 层（结蜡层、钢管壁、防腐绝缘层等）导热系数，$W/(m^2\cdot℃)$。

对于有保温层的管道，总传热系数计算较为复杂，可查阅有关文献。虽然有理论计算的公式，但在实际生产中很少采用通过计算方法确定总传热系数的做法，我国在设计埋地热油输送管道时一般都是采用经验方法确定总传热系数，通常采用反算法，即根据实际输送中的管道运行参数推算管道的 K 值，再将该 K 值适当调整作为设计新管道的总传热系数。

（2）比热容的确定。单位质量的物质温度升高 1℃时所需要的热量称为比热容，用符号 c 表示，油品比热容随温度的升高而增大，可由下式求得：

$$c=\cfrac{1}{\sqrt{d_4^{15}}}(1.687+3.39\times10^{-3}T) \tag{1-1-21}$$

式中 c——温度为 T 时油品的比热容，$kJ/(kg\cdot℃)$；

d_4^{15}——温度为 15℃时油品的相对密度；

T——油品温度，℃。

油品和石油产品的比热容通常为 $1.6\sim2.5kJ/(kg\cdot℃)$，近似计算时可取 $2.1kJ/(kg\cdot℃)$。

2. 热油输送管道的水力计算

1）热油输送管道摩阻的特点

热油输送管道的水力坡降不是定值，这是因为随着油品温度不断下降，油品的黏度不断增加，摩阻也不断增加。热油输送管道的水力坡降不是一条直线，而是一条斜率不断增加的曲线。因此，计算热油输送管道的摩阻时，应考虑管道沿线的温降情况及油品的黏温特性，先进行热力计算然后进行水力计算。

热油输送管道的水力计算是以加热站距作为一个计算单元，因为只有在加热站间的管道内油品的黏度变化才是连续的。

2）热油输送管道摩阻计算方法

热油输送管道的摩阻有理论计算和近似计算两种方法，理论计算法比较复杂且结果与实际不是太符合，下面是两种近似计算方法。

（1）平均温度计算法。如果在加热站间起点终点温度下的油流黏度相差不超过一倍，且流态是在紊流光滑区，可按起点终点平均温度下的油流黏度来计算一个加热站间摩阻。步骤如下：

① 计算加热站间油流的平均温度 T_{pj}，用加权平均法求得：

$$T_{pj} = \frac{1}{3}T_R + \frac{2}{3}T_Z \tag{1-1-22}$$

式中　T_R，T_Z——分别加热站的起点、终点温度，℃。

② 在实测的黏温曲线上查出温度为 T_{pj} 的油流黏度 ν_{pj}，也可根据黏度与温度的关系式计算出 ν_{pj}。

③ 计算一个加热站间的摩阻 h_R：

$$h_R = \beta \frac{Q^{2-m}\nu_{pj}^m}{d^{5-m}} \tag{1-1-23}$$

（2）分段计算法。

① 按实测的数据作黏温曲线；

② 按苏霍夫公式作出加热站的温降曲线；

③ 根据相应于临界雷诺数 Re_c 下的黏度 ν_c 来判断管道沿线流态的变化；

④ 将加热站分成若干小段，分段时应使每小段的温降不超过 3~5℃；

⑤ 计算每一小段的平均温度 T_{pji}；

⑥ 找出相应于平均油温为 T_{pji} 的平均黏度 ν_{pji}；

⑦ 按每一小段的平均黏度 ν_{pji} 计算出各小段的摩阻 h_i；

⑧ 计算一个加热站间的摩阻：

$$h_R = \sum h_i \tag{1-1-24}$$

以上两种计算方法中，第一种比较简单，可用于快速估算。第二种较准确，在热油输送管道的设计中用得较多，但计算工作量大，一般编制计算程序由计算机完成。

3. 加热站和泵站数的确定及布站

1）确定加热站数及热负荷

确定了加热站的进出站温度，即站间管段的起点和终点温度后，可按冬季月平均最低温度及其全线总传热系数 K 值由相关公式计算出加热站间距 L_R。

设管道全长为 L，加热站数 n 为：

$$n = \frac{L}{L_R} \tag{1-1-25}$$

在确定 n 时需要进行化整，必要时可适当调整温度。

每个加热站的热负荷：

$$Q = \frac{Gc\Delta T}{\eta} \tag{1-1-26}$$

式中　Q——加热站的热负荷，J/s；

　　　ΔT——加热站进出站原油温度之差，℃；

　　　G——原油质量流量，kg/s；

　　　c——原油的比热容，J/（kg·℃）；

　　　η——加热炉的效率，%。

2）确定泵站数

首先由热力计算初步确定加热站数，然后进行加热站间水力计算。计算加热站间管道摩阻及全线所需压头，根据每个泵站所提供的压头确定全线所需泵站数。

3）布站

热油输送管道的泵站布置不同于等温管道，因为加热站间管道的水力坡降线不是直线而是一条斜率不断增大的曲线。

初步确定加热站和泵站数后，需调整加热站和泵站位置，如有可能应尽量合并设置以节省投资和方便管理。

第二节 易凝高黏原油的输送工艺

一、含蜡（易凝）原油的流变性和输送工艺

1. 含蜡（易凝）原油的流变性

对含蜡原油来讲，蜡质、胶质和沥青质的含量和组成是决定原油流变性的主要因素。

1）蜡

蜡是对原油流变性影响最大的原油组分之一，含蜡原油在不同温度下显示出不同的流变性，含蜡原油的流变性与剪切历史和热历史有关。

2）胶质和沥青质

胶质和沥青质是原油中结构最复杂、相对分子质量最大的一部分物质。它们的成分并不固定，性质也有差异，是多种物质的结合体。

3）蜡质、胶质和沥青质的相互作用

当原油中胶质和沥青质含量较少时，具有一定的防蜡作用。当胶质含量适宜时，热处理降凝效果显著。当原油中胶质和沥青质含量较高时，它们大量吸附在蜡晶表面，使其表面变成高度不规则的超胶团结构，导致热处理效果恶化，因此，不但没有防蜡作用，还会使原油的流变性变差。由此可见，原油中蜡质、胶质和沥青质的含量以及它们之间的相互作用决定了原油的物理化学性质和流变性能。

2. 含蜡（易凝）原油的输送工艺

含蜡原油可采用不同的输送工艺进行输送。

1）加热输送

加热输送分为点加热和线加热。点加热即沿线逐站加热；线加热是对全部线路管道采取加热措施并加保温层。

2）热处理输送

将原油加热到一定温度，使其中的蜡充分溶解，胶质和沥青质高度分散，在随后的冷却过程中，通过控制降温速度和冷却方式，调整原油中的蜡在重新结晶时的结晶形态，达到降低原油凝点、改善原油低温流动性的目的，这一过程称为含蜡原油的热处理。

3）添加降凝剂输送

在原油里按一定比例添加降凝剂并充分混合，将添加降凝剂的原油加热到一定的温度，使其中的蜡充分溶解，降凝剂能有效地改变原油中蜡晶的析出形态和结构，抑制并延缓蜡晶形成空间网状结构，达到改善原油低温流动性能的目的，这一过程称为原油的加剂处理。

4）综合处理输送

对含蜡原油同时采用加剂处理和热处理的输送方式称为综合处理输送。

5）天然气饱和输送

天然气饱和输送是在较高压力下，将一定量的天然气溶解在原油中，从而降低原油的黏度和凝点的输送方式。

6）水悬浮输送

水悬浮输送是把高凝原油分散在水中形成油颗粒悬浮物的输送方式。

二、高黏原油的流变性和输送工艺

1. 高黏原油的流变性

高黏原油即通常所称的稠油或重质油，高黏原油的高黏性质主要与所含胶质和沥青质有关。高黏原油的特点是密度大、黏度高、凝点通常较低，在较宽的温度范围内呈牛顿流体特性，不仅在常温下黏度很高，即使在较高温度时仍具有较高的黏度。

由于高黏原油对温度的敏感程度不如含蜡原油，因此，采用加热保温输送工艺在经济上不可行。

2. 高黏原油的输送工艺

高黏原油可采用不同的输送工艺进行输送。

1）加热输送

高黏原油加热后其黏度会有不同程度的降低。

2）加降黏剂（减阻剂）输送

高黏原油中的轻组分含量低，胶质和沥青质等重组分含量高，直链烃含量少，从而导致高黏原油具有黏度高、密度大、难以输送的特性。原油降黏的机理主要是针对胶质和沥青质，使得高黏原油的低温流动性得到改善。

3）稀释法输送

稀释方法是在高黏原油中加入低凝低黏的稀释剂使高黏原油的黏度降低，稀释剂的类型有轻质原油、天然气凝析油和有机稀释剂等。

4）乳化降黏输送

乳化降黏就是使高黏原油较均匀地分散在水中形成较稳定的水包油乳液，从而大大降低高黏原油的黏度。

5）掺热水输送

掺热水输送是指在高黏原油中掺入大量的热水或活性水进行油水混输，从而达到降黏减租的作用。该方式主要应用于油田集输管道。

6）改质降凝输送

改质就是在高黏原油输送之前脱去一部分致黏的高分子物质或使油品发生轻度裂化，提高油品中烯烃的相对含量，使高黏原油的化学成分发生变化，从根本上改善原油的流动性。虽然原油改质是降低高黏原油黏度的根本方法，但在规模上和经济上还不能满足实际生产的需要。

第三节　输油管道工况调节

输油管道工况调节是指当管道工况发生变化（一般指输量变化）时，通过人为调节（改变)泵站的工作特性，或人为调节(改变)管道的工作特性，使得在新的工况条件下能量供需重新达到平衡。

输油管道工况调节主要有两种方式：泵站工作特性的调节和管道工作特性的调节。

一、泵站工作特性的调节

调节(改变)泵站工作特性即通过人为改变泵站工作特性，使得在新的工况下泵站的工作特性适应管道的工作特性，从而达到调节输油管道工况的目的。

改变泵站工作特性的方法主要有以下几种：

1. 改变运行的泵站数或泵机组数

这种方式可以在较大范围内调节全线的压力供给，适用于输量波动大的情况。

2. 泵机组调速

泵机组调速可以改变离心泵的工作特性，实现离心泵工作特性的连续变化，一般在输量变化较小时采用，也可以作为改变运行泵站数或泵机组数调节方式的辅助调节措施。

改变泵机组转速有两种方法：一是用可变速的原动机(如变速电动机等)带动离心泵；二是在定速电动机与离心泵之间加装变速器(如变频调速器等)调节电动机运转。

3. 改变泵叶轮直径

改变离心泵的叶轮直径也可以改变泵的工作特性，从而改变泵站的工作特性。改变的方法主要是切削泵叶轮、更换转子减少泵的级数。泵叶轮切削后不能恢复，因此，在使用这一方法时应该保证叶轮在切削后管道的输量能够维持一个较长的时期。一般情况下在现场较少采用切削泵叶轮的方法来调节泵的工作特性。

二、管道工作特性的调节

调节(改变)管道工作特性的目的是通过人为改变管道工作特性，使得在新的工况下管道的工作特性适应泵站的工作特性，从而达到调节输油管道系统工况的目的。

人为改变管道工作特性一般是采用增大或减小管道摩阻的方法，主要是通过调整泵站出站调节阀的开度来实现(常用的方式是关小泵站出站调节阀的开度)，以达到输量变化后管道系统能量供需重新达到平衡，这种调节方式常简称为节流调节。

节流调节是一种简单易行的调节管道工作特性的方式，在输量变化不大、压力调节幅度不大的情况下经常使用，尤其是在泵机组不能调速的情况下使用，节流调节的缺点是浪费能量。

第二章　输气管道输送技术

第一节　输气管道工艺计算

一、气体状态方程式

1. 理想气体状态方程式

理想气体状态方程式之一：

$$pV = nRT \tag{2-1-1}$$

式中　p——理想气体压力(绝)，MPa；

V——理想气体体积，m^3；

T——理想气体温度，K；

n——理想气体物质的量，mol；

R——理想气体常数。

理想气体状态方程式之二：

$$\frac{p_1 V_1}{T_1} = \frac{p_2 V_2}{T_2} \tag{2-1-2}$$

式中　T_1，p_1，V_1——分别为第一种状态下气体的温度、压力和体积；

T_2，p_2，V_2——分别为第二种状态下气体的温度、压力和体积。

2. 实际气体状态方程式

$$\frac{p_1 V_1}{T_1 Z_1} = \frac{p_2 V_2}{T_2 Z_2} \tag{2-1-3}$$

式中　Z_1——第一种状态下气体的压缩因子；

Z_2——第二种状态下气体的压缩因子。

常用的形式为：

$$\frac{p_0 V_0}{T_0} = \frac{pV}{TZ} \tag{2-1-4}$$

式中　T_0，p_0，V_0——标准状态下气体的温度、压力和体积，$p_0 = 0.101325$MPa，$T_0 = 293.15$K；

T，p——实际状态下气体的温度、压力；

V——容器容积，管道管容；

Z——实际状态下气体的压缩因子。

[例题1]某段天然气管道管容为$10000m^3$，温度为10℃，压力为5MPa(表)，当地大气压约为0.1MPa，5MPa(表)压力下天然气压缩因子为0.9，计算该段天然气管道中的天然气

换算成标准状态下的体积 V_0。

解： 由公式 $\dfrac{p_0 V_0}{T_0} = \dfrac{pV}{TZ}$，得出：

$$V_0 = \frac{pVT_0}{p_0 TZ}$$

式中 $p = 5 + 0.1 = 5.1\text{MPa}$（绝），$p_0 = 0.101325\text{MPa}$，$T = 283.15\text{K}$，$T_0 = 293.15\text{K}$，$V = 10000\text{m}^3$，$Z = 0.9$。

计算结果 $V_0 \approx 57.9 \times 10^4 \text{m}^3$。

二、输气量工艺计算公式

（1）当输气管道纵断面的相对高差 $\Delta h \leqslant 200\text{m}$ 且不考虑高差影响时，按下式计算：

$$Q = 1051 \left[\frac{(p_1^2 - p_2^2) d^5}{\lambda ZGTL} \right]^{0.5} \tag{2-1-5}$$

式中 Q——标准状态（$p_0 = 0.101325\text{MPa}$，$T_0 = 293.15\text{K}$）下气体的流量，m^3/d；

p_1，p_2——输气管道计算管段起点和终点压力（绝），MPa；

d——输气管道计算内直径，cm；

λ——水力摩阻系数；

Z——气体的压缩因子；

G——气体的相对密度；

T——输气管道内气体的平均温度，K；

L——输气管道计算段的长度，km。

当输气管道工艺计算采用手算时，宜按下式计算：

$$Q = 11522 E d^{2.53} \left[\frac{(p_1^2 - p_2^2)}{ZTLG^{0.961}} \right]^{0.51} \tag{2-1-6}$$

式中 E——输气管道的效率系数，当管道公称直径为 $300 \sim 800\text{mm}$ 时，$E = 0.8 \sim 0.9$；当公称直径 $>800\text{mm}$ 时，$E = 0.91 \sim 0.94$。

其余符号的含义和单位见本章之前的公式。

（2）当考虑输气管道沿线的相对高差影响时按下式计算：

$$Q_v = 1051 \left\{ \frac{[p_1^2 - p_2^2(1 + a\Delta h)] d^5}{\lambda ZGTL \left[1 + \dfrac{\alpha}{2L} \sum\limits_{i=1}^{n} (h_i + h_{i-1}) L_i \right]} \right\}^{0.5} \tag{2-1-7}$$

$$\alpha = \frac{2gG}{ZR_a T} \tag{2-1-8}$$

式中 α——系数，m^{-1}；

R_a——空气的气体常数，标准状态下 $R_a = 287.1\text{m}^3/(\text{s}^2 \cdot \text{K})$；

Δh——输气管道计算段终点对计算段起点的标高差，m；

n——按输气管道沿线高差变化所划分的计算段数，当相对高差不大于 200m 时划作一个计算分管段；

h_i——各计算分管段终点的标高，m；

h_{i-1}——各计算分管段起点的标高，m；

L_i——各计算分管段的长度，km；

G——天然气质量流量，kg/s；

g——重力加速度，m/s^2。

其余符号的含义和单位见本章之前的公式。

当输气管道工艺计算采用手算时，宜按下式计算：

$$Q = 11522Ed^{2.53}\left\{\frac{p_1^2 - p_2^2(1 + a\Delta h)}{ZTLG^{0.961}\left[1 + \frac{\alpha}{2L}\sum_{i=1}^{n}(h_i + h_{i-1})L_i\right]}\right\}^{0.51} \qquad (2-1-9)$$

式中符号的含义和单位见本章之前的公式。

（3）水力摩阻系数 λ 计算：

$$\frac{1}{\sqrt{\lambda}} = -2\lg\left(\frac{e}{3.7d} + \frac{2.51}{Re\sqrt{\lambda}}\right) \qquad (2-1-10)$$

式中　Re——雷诺数；

e——钢管内壁等效绝对粗糙度，m。

其余符号的含义和单位见本章之前的公式。式(2-1-10)为柯列勃洛克公式，适用于紊流的3个区域。

三、输气管道常用计算公式

1. 气体平均温度计算

如果忽略焦耳—汤谱逊效应，输气管道平均温度计算公式为：

$$t_{pj} = t_0 + \frac{t_1 - t_0}{aL}(1 - e^{-aL}) \qquad (2-1-11)$$

其中

$$a = \frac{K\pi D}{Q_z c_p}$$

式中　t_{pj}——管道计算管段内气体平均温度，℃；

t_1——管道计算管段内起点的气体温度，℃；

t_0——管道埋设处土壤的平均温度，℃；

K——管道内气体至土壤的总传热系数，$W/(m^2\cdot℃)$；

D——管道计算外直径，m；

L——管道计算段的长度，km；

Q_z——气体质量流量，kg/s；

c_p——气体的定压比热容，$J/(kg\cdot℃)$。

总传热系数 K 的计算较为复杂，可参考有关文献。

2. 管道沿线任意点气体温度计算

（1）当不考虑节流效应时按下式计算：

$$t_x = t_0 + (t_1 - t_0)e^{-aX} \qquad (2-1-12)$$

$$a = \frac{225.256 \times 10^6 KD}{QGc_p}$$

式中 t_x——管道沿线任意点气体温度，℃；

    X——管道计算段起点至沿线任意点之间的长度，km；

    D——管道计算外直径，m；

    Q——标准状态下的气体流量，m³/d；

    G——气体的相对密度；

    c_p——气体的定压比热容，J/(kg·℃)；

    K——管道内气体至土壤的总传热系数，W/(m²·℃)。

（2）当考虑节流效应时，计算公式较复杂，可参考有关文献。

3. 压力计算

（1）平均压力计算公式：

$$p_{pj} = \frac{2}{3}\left(p_1 + \frac{p_2^2}{p_1 + p_2}\right) \tag{2-1-13}$$

式中 p_{pj}——管道内气体平均压力(绝)，MPa。

其余符号的含义和单位见本章之前的公式。

平均压力计算公式适用条件为：管道进出气量相等且运行平稳。

（2）管道沿线任意点压力计算公式：

$$p_x = \sqrt{p_1^2 - (p_1^2 - p_2^2)\frac{X}{L}} \tag{2-1-14}$$

式中 p_x——管道沿线任意点压力(绝)，MPa；

    X——管道计算段起点至沿线任意点之间的长度，km；

    L——管道计算段长度，km。

其余符号的含义和单位见本章之前的公式。

4. 输差计算

$$Q_c = (V_1 + Q_1) - (Q_2 + Q_3 + Q_4 + V_2) \tag{2-1-15}$$

式中 Q_c——计算时段内的输差，m³；

    Q_1——同一时段内的输入气量，m³；

    Q_2——同一时段内的输出气量，m³；

    Q_3——同一时段内输气单位生产生活用气量，m³；

    Q_4——同一时段内放空气量，m³；

    V_1——计算时段开始时，管道计算段内的储存气量，m³；

    V_2——计算时段终了时，管道计算段内的储存气量，m³。

5. 管道储气量(调峰量)计算

$$Q_c = \frac{VT_0}{p_0 T_{pj}}\left(\frac{p_{1pj}}{Z_1} - \frac{p_{2pj}}{Z_2}\right) \tag{2-1-16}$$

式中 Q_c——计算管段的储气量(调峰量)，Nm³；

    V——计算管段容积，m³；

T_0——标准状态下的温度，293.15K；

T_{pj}——气体的平均温度，K；

p_0——标准状态下的压力，0.101325MPa；

p_{1pj}，p_{2pj}——计算管段内气体最高、最低平均压力(绝)，MPa；

Z_1，Z_2——p_{1pj}，p_{2pj}对应的气体压缩因子。

[**例题2**]某天然气管道管容为$10×10^4m^3$，运行期间平均温度为10℃，运行期间最高平均压力为8MPa(表)，最低平均压力为5MPa(表)，当地大气压约为0.1MPa，8MPa(表)和5MPa(表)压力下天然气压缩因子分别为0.84和0.9，计算该天然气管道的储气量(调峰量)Q_c。

解：计算公式为 $Q_c = \dfrac{VT_0}{p_0 T_{pj}}\left(\dfrac{p_{1pj}}{Z_1} - \dfrac{p_{2pj}}{Z_2}\right)$

式中 $T_0 = 293.15K$，$p_0 = 0.101325MPa$，$T_{pj} = 283.15K$，$V = 10×10^4m^3$，$p_{1pj} = 8+0.1 = 8.1MPa$(绝)，$p_{2pj} = 5+0.1 = 5.1MPa$(绝)，$Z_1 = 0.84$，$Z_2 = 0.9$。

计算结果 $Q_c ≈ 406.3×10^4m^3$。

6. 清管器运行距离计算

$$L = \frac{4p_0 T_{pj} ZQ}{\pi d^2 p_{pj} T_0} \tag{2-1-17}$$

式中 L——清管器运行距离，m；

T_{pj}——清管器上游管段内气体的平均温度，K；

p_{pj}——清管器上游管段内气体的平均压力(绝)，MPa；

Q——清管器上游管段内的累计进气量，m^3。

其余符号的含义和单位见本章之前的公式。

第二节 输气管道储气与增输

一、输气管道储气

如果用户用气量比较稳定，输气管道输气量变化不大，输气工况也就稳定。但用户的用气量会随季节，甚至是昼夜而变化，因此，输气管道的输气工况也就需要随之作相应的调整。

解决输气供需不平衡的主要措施如下：

(1)当用户用气量增大或减小时，增大或减小输气管道上游供气量。

(2)工业用户的检修时间尽量安排在城市用气的高峰期。有一些工业用户的用气量有一定的季节或昼夜可调性，这些工业用户的用气高峰尽可能与城市用气高峰错开。

(3)利用储气设施进行调峰。储气设施主要有管道末段储气、储气罐、地下储气库、液化储气等。

①管道末段储气。利用输气管道末段天然气压力在允许范围内的变化来改变管道中的存气量，达到调节用户用气量不均衡的目的。这种调节方式只能调节昼夜或短时间内用户用气量的不均衡。

②储气罐。储气罐一般建在城市天然气门站，由于储气罐容积有限，至适合于调节用

户日用气量的不均衡。

③ 地下储气库。地下储气库是将长输管道输送的天然气重新注入地下空间而形成的一种人工气田或气藏，一般建设在距天然气用户所在地较近的地方。用户用气低峰季节将富余的输气量注入地下储气库，在用户用气高峰季节再将地下储气库的天然气抽出，补充供气量的不足。

与地面球罐等方式相比较，地下储气库具有储存量大、调峰范围广、使用年限长、安全系数大等优点。

地下储气库除了调峰功能外，还可作为管道事故期间的应急供气。

目前，地下储气库类型有枯竭油气藏储气库、含水层储气库、盐穴储气库、废弃矿坑储气库等。

a. 枯竭油气藏储气库。枯竭油气藏储气库利用枯竭的气层或油层建设而成，是目前最常用、最经济的一种地下储气形式，具有造价低、运行可靠的特点。

b. 含水层储气库。用高压气体注入含水层的孔隙中将水排走，在非渗透性的含水层盖层下直接形成储气场所。含水层储气库是仅次于枯竭油气藏储气库的另一种大型地下储气库形式。

c. 盐穴储气库。目前的盐穴储气库建设一般采取水溶建腔的方式，用清水或者淡卤水注入地下盐岩层，待盐岩溶解到水中之后将卤水抽采到地面，在地面再将卤水中的盐分析出，可作为工业用盐及食用盐，采盐之后形成的空腔用来储存天然气。从规模上看，盐穴储气库的容积远小于枯竭油气藏储气库和含水层储气库，但盐穴储气的优点是储气库的利用率较高、注气时间短、垫层气用量少，需要时可以将垫层气完全采出。

d. 废弃矿坑储气库。利用废弃的符合储气条件的矿坑进行储气。目前这类储气库数量较少，主要原因在于大量废弃的矿坑技术经济条件难以符合要求。

④ 液化储气。天然气液化后其体积为气态的约 1/600，将天然气深冷至 −163℃ 液化后在常压下储存。液化天然气储罐有绝热层，使其不致受热而气化。由于液化天然气温度极低，有一定的自然损耗，故不适合长时间储存。液化天然气最适合远洋运输。

二、输气管道增输

输气管道增输的主要措施如下：

1. 扩建压气站或新建压气站

当需要增加的输量达到一定程度时，应扩建压气站或新建压气站。

2. 改变管道起点和终点压力

提高管道起点压力或降低管道终点压力都可以提高输量，提高管道起点压力对输量增大的影响大于降低管道终点压力对输量增大的影响。在压差不变的情况下，同时提高管道起点终点压力也能增大输量，因为在高压下气体密度大、流速低，摩阻损失会减小。

3. 铺设副管

铺设副管相当于增大了管道的流通面积，改变了管道工作特性，使得输量增大。输量增大程度取决于副管的管径和长度。

4. 铺设变径管

铺设变径管（增大管径）和铺设副管一样可以增大输量，这种方式一般只在管道改建中采用。铺设变径管并非完全是为了增大输量，比如，根据管道沿线输量、用户等情况，将某些管段改为变径管（减小管径）在不影响输量的情况下可以节省投资。

第三章　输油气管道投产

第一节　输油管道投产

一、投产工作职责

针对投产应完成的主要工作如下：

（1）负责编制所在站场的相关投产方案。

（2）协助分公司编制输气管道投产方案。

（3）前期介入新建（改扩建）管道的施工建设，为顺利投产打好基础。

（4）负责制订所在站队投产培训计划需求，并参与投产培训。

（5）协助生产站长办理投产前的相关手续，参与与关联单位签署计量交接、调度等协议。

（6）负责准备岗位基础资料和运行参数记录报表。

（7）负责或协助编制投产期间的维抢修方案，参与维抢修方案的演练和实施。

（8）负责组织站队投产前的操作演练。

（9）参与、配合投产前的维抢修演练。

（10）参与投产临时设施的选择和安装，投产期间对投产临时设施的运行进行监护。

（11）负责或协助编制投产实施细则，负责或组织编写投产操作票。

（12）参与投产前检查，参与对投产问题整改和确认。

（13）负责投产试运现场操作和运行监护，记录投产参数和相关指令。

（14）编制项目投产试运考核报告和投产总结报告。

二、投产方案主要内容

1. 总论

1）编制依据

相关标准、规范；初步设计、施工图设计以及工艺操作原理等相关设计资料；设备的技术文件；相关的委托书、会议纪要、协议等。

2）投产范围

在方案中应明确投产所包括的线路、阀室、站场及其他输油设施。

3）投产时间

在方案中应明确拟定的投产时间及投产方案适用的时间范围。

4）投产控制方式

在方案中应明确投产的控制方式。

5）投产方式

（1）应明确投产时采用的输送工艺，一般有常温输送、加热输送、热处理输送、综合热处理输送、顺序输送工艺等；

（2）应明确投产时采用的投产方式，一般有空管投油、部分充水投油或全线水联运投油等方式；

（3）应说明投产期间是否发送清管器，一般水头或油头前发送清管器，用于干线排气或减少油水界面间的混合量。

6）投产计划

概述投产的主要过程，包括充氮量或充水量、充油量以及投产过程的主要时间节点等。

2. 管道工程概况

1）工程总体概况

概述线路走向；沿途地形、地貌、气候；重要穿、跨越；主要设计参数；特殊点的位置及高程；线路走向图及线路纵断面图；场站、阀室分布表；管道防腐等情况。

2）场站工程概况

描述各场站的设置和功能，包括场站的位置、类型、功能、主要输油设备等情况。

3）各分系统概况

分系统包括仪表自动化系统、通信系统、电气系统、阴极保护系统、消防系统、供热系统等。

4）主要设备配置及工艺参数

应包括输油泵、加热炉、调节阀、泄压阀、储油罐等主要设备配置及工艺参数。

5）基础数据

应包括：油品物性；沿线气温和管道沿线处埋深地温；总传热系数、重要穿跨越列表等内容。

3. 投产组织机构

1）基本原则

应明确投产过程中上级部门、建设单位、调控中心、运行单位及上下游等相关单位责任及工作界面。

2）组织机构及职责

（1）根据投产需要确定投产组织机构及相应的职责，为了使组织机构明晰宜编制组织机构框图；

（2）组织机构中一般包括投产领导小组、投产指挥部、总调度长和专业组，专业组一般包括调度组、场站组、线路组、协调组、投产保驾组、电气通信仪表自动化组、HSE 组、后勤保障组等；

（3）组织机构人员应由投产工程项目的相关单位人员组成，包括：上级部门、建设单位、控制中心、运行单位及上下游相关单位等；

（4）运行单位、调控中心、建设单位应参与投产方案编制，运行单位和控制中心应组织投产人员依据批准后的投产方案编写投产实施细则和投产操作票。

3）投产指挥和汇报程序

制订投产期间的指挥流程和信息报送流程，制订规范的信息报送用语。

4. 投产必备条件及准备

1）投产必备条件

投产必备条件应明确对管道工程建设、相关手续办理、投产临时设施、投产前准备、物资备品备件配备等方面的要求。项目建设符合国家相关法规、标准的要求，工程达到设计要求。应编制《试运投产前条件确认检查表》。

投产必备条件包含的主要内容如下：

（1）管道工程建设。

① 线路、"三穿"（管道穿越公路、铁路和河流）、阀室、场站工程已施工完毕，并达到设计要求；

② 施工阶段干线管道已进行分段清管、测径、试压和吹扫，并符合相关标准规范要求。为了保证投产后运行生产的安全，投产前应进行站间通球扫线、测径，对管道通过能力进行检验；

③ 工艺设备、电气、通信、仪表自动化等分系统安装调试、整改完毕并验收合格，SCADA 系统达到设计要求；

④ 投产临时设施已安装完毕；

⑤ 已完成投产前检查及确认，影响投产安全问题整改完毕。

（2）相关手续办理。

① 项目已经过中华人民共和国国家发展和改革委员会核准批复，并取得批复文件；

② 已取得建设用地规划许可证和建设工程规划许可证；

③ 管道的安全和环境等评价已通过相关部门审核；

④ 投产期间安全备案手续已办理；

⑤ 建设单位应在试运投产前取得环境保护行政主管部门同意试生产的相关批复文件；

⑥ 消防系统已通过消防部门验收；消防保驾队伍已落实，消防保驾协议签署完毕；

⑦ 防雷防静电设施已由有资质的机构进行检测，并出具合格报告；

⑧ 已取得压力容器、安全阀等特种设备注册、备案、检定；

⑨ 供水、通信、外电、运销、计量等相关协议已签署完毕；

⑩ 试运投产方案已经过上级部门审查，并得到批复；

⑪ 建设单位已向当地安监部门提交试运投产申请，并得到批复。

（3）投产准备。

① 明确投产工程保驾和维抢修保驾队伍已落实；

② 明确投产所需的工器具、备品备件、物资等已配置完毕；

③ 根据批复的投产方案编制投产实施细则；

④ 运行单位生产管理组织机构健全，各岗位人员配备到位，岗位人员培训合格，特殊工种操作人员已取得相关部门颁发的操作证书，各岗位的生产管理制度、操作规程、生产报表等编制完成。

2）投产临时设施准备

应明确投产注水、注氮、排气、排水等临时设施的安装要求，并由设计单位根据示意图绘制出正式施工图。

明确输油管道临时设施注意事项，包括但不限于以下内容：

（1）临时设施管线及设备的设计压力不应低于主体管道的设计压力；

（2）排气、排水管线选择管径时需结合投产输量考虑；

（3）临时设施不应影响收发球、正输等投产流程；

（4）临时设施应安全可靠便于拆除；

（5）临时设施应考虑加固措施；

（6）投产临时排气管线需考虑临时接地措施；

（7）投产临时排气需设置警戒区。

3）介质准备

（1）应明确投产期间所需氮气或水、燃料油（气）、降凝剂、减阻剂及所输送油品等介质的数量及准备方式；

（2）应对注入管道的氮气纯度提出要求，一般要求氮气纯度在99%以上；

（3）应对注入管道的水质提出要求，一般要求投产用水应符合工业用水水质标准，并有水质分析报告。

4）物资准备

应列出投产期间所需主要物资、工器具、备品备件等的详细清单。

清单中主要应包括：检测仪器；常用维修工器具；仪表自动化、电气、通信等专业常用工器具；安全防护器具；应急类工器具；投产临时设施材料；备品备件等。

5. 管道投产

1）空管投油

（1）概述。

包括但不限于以下内容：概述注氮、投油过程；确定注入管道的氮气量，并说明选择依据；确定投产输量，并说明选择依据；确定空气排放点、氮气排放点和充油后管道内残余气体排放点等。

（2）管道注氮。

① 注氮方式。常用的注氮方式有液氮车注氮、制氮车注氮和氮气瓶注氮，明确本次投产的注氮方式。

② 注氮口的选择。注氮口选择应主要考虑的因素：合理确定注氮口管径；所选注氮口的位置对所在场站的氮气置换是否有利，注氮口位置和注氮车停放位置尽可能接近。

③ 注氮主要技术要求。

a. 如果采用液氮车注氮，应配有加热装置；

b. 注氮装置氮气出口处应有准确、可靠的温度显示仪表和流量显示仪表，显示仪表检定合格并在有效检定期内；

c. 注氮车氮气出口温度范围为5~25℃，氮气出口温度不应低于5℃，在保证注氮温度的前提下，其注氮速度不应低于本次投产规定的注氮流量；注氮期间如果注氮温度和注氮流量不能同时满足时，应优先保证注氮温度；

d. 封存氮气压力宜在0.02~0.1MPa（表），并尽量接近下限值；

e. 如果采用氮气瓶注氮，注氮前应用含氧检测仪检测确认氮气瓶内气体是否为氮气；

f. 购入的氮气纯度不应低于99%。

（3）管道投油。

包括但不限于以下内容：

① 应结合管道最小允许输量、泵的特性曲线、加热炉最小允许流量、工艺限值等因素确定投产输量，油品流速应控制在 1m/s 以内；

② 应对降凝剂和减阻剂注入前的检查与准备、操作内容、操作后的检查、所存在的风险以及应急操作等方面提出具体技术要求；

③ 应描述投产期间各关键时间节点的相关工艺参数，气头和油头到达时间、压力、温度和各站输油泵(加热炉)运行数量；

④ 应描述投产实施步骤、主要工艺操作以及主要工艺参数控制；

⑤ 应对管道内残余气体排放提出要求，一般下游站场或末站投用进站调节阀、建立背压后，分段或全线在高点进行间歇式正压排气；

⑥ 应对油头和清管器跟踪、监测提出要求；

⑦ 应对主要工艺操作提出要求。

2）充水投油

（1）概述。

包括但不限于以下内容：

① 概述充水、投油过程；若需利用投产用水在投产期间进行分段试漏，应明确管道停输、启输时间节点；

② 确定充入管道的水量，并说明选择依据；

③ 确定管道充水输量、管道充油输量，并说明选择依据；

④ 确定空气排放点、水头排放点、投产用水集中排放点和充油后管道内残余气体排放点。

（2）管道充水投油。

包括但不限于以下内容：

① 概述管道投产全过程；

② 应确定管道充水量，使油品和空气完全隔离；

③ 应结合管道最小允许输量、泵的特性曲线、加热炉最小允许流量、工艺限值等因素确定投产输量，油品流速应控制在 1m/s 以内；

④ 管道部分充水或全线水联运投油分 3 个阶段进行，即充水排气阶段、油顶水阶段和试运行阶段；如需加热输送，应在充水阶段进行管道预热；

⑤ 应对降凝剂、减阻剂注入提出具体技术要求；

⑥ 应描述投产期间各关键时间节点的相关工艺参数，水头和油头到达时间、压力、温度和各站输油泵(加热炉)运行数量；

⑦ 管道部分充水或全线水联运的实施步骤、油顶水的实施步骤、主要工艺操作、主要工艺参数控制以及运行数据的记录汇总；

⑧ 明确投产期间需调试投运的设备、分系统等的时间节点，并对调试内容提出要求；

⑨ 对站内设备、工艺管网以及线路管道内气体的排气操作提出要求；

⑩ 对各水头排放点、投产用水集中排放点的排水操作提出相应要求；

⑪ 对清管器跟踪提出要求；

⑫ 确定油水混合物的数量及处理措施；

⑬ 成品油管线顺序输送时还需阐明混油处理装置的投运及混油处理过程；

⑭ 应对主要工艺操作提出要求。

3）管道 72h 试运行

（1）应根据管道设计能力，确定不同的试运行输量和试运行时间；

（2）应确定各输量下的工艺参数和泵（炉）组合方式；

（3）在 72h 试运行期间，应进行管道正常启输、管道正常停输、管道停输再启动、出站调节阀自动功能调试、管道在不同输量下的运行、各泵站输油泵切换等项目的测试工作。

6. HSE 要求

1）对组织和人员的要求

（1）投产工作分工明确、职责清楚；

（2）应组织投产人员认真学习投产方案，投产期间投产人员的汇报和指挥应严格遵循相关流程；

（3）应组织相关技术人员对操作人员进行一次投产方案技术交底；

（4）投产前应进行投产方案模拟演练和投产应急预案演练；

（5）应对进场安全规定提出要求；

（6）应对投产人员的培训提出要求；

（7）应对投产人员劳保着装提出要求。

2）对场站、阀室及设备的要求

（1）应对场站、阀室、线路的通信提出要求，并明确通信设备的配备要求；

（2）应对工艺标示、介质流向等提出要求；

（3）应对消防设备配置、安全警示标示配置提出要求；对投产期间需进行安全警戒的区域提出相应要求；

（4）应对场站、阀室及设备的安全检查提出要求。

3）对操作的要求

（1）应明确投产期间应遵循的工艺操作原则；

（2）应对投产期间作业操作的指挥和汇报提出要求；

（3）应对投产期间气体、水头、油水混合物的安全排放提出要求。

4）对车辆的要求

（1）应对投产前车辆的检查保养提出要求；

（2）应对投产期间作业车辆的安全行驶提出要求；

（3）应对投产期间车辆的停放位置提出要求。

5）对人员健康的要求

（1）应要求投产前培训常见疾病和当地传染病的预防和处理知识；

（2）投产期间对疾病的防治应做到"早发现、早报告、早治疗"；

（3）应要求投产前配备常用药品和医疗用品；

（4）加强自救技能的培训，防止事态的扩大；

（5）加强同当地医疗救治单位的合作，使人员救治能得到有效的保障。

6）对环境保护的要求

（1）应依据环保要求对排水、排气（氮气和可燃气体）提出要求；

（2）应对投产期间各类废弃物的合规处置提出要求。

7. 应急预案

1）应急响应的组织和分工

（1）应识别投产风险并制订相应的应急处理措施，应急处理措施分为工程保驾和维（抢）修两部分，并制订出相应的投产工程保驾方案；

（2）应明确投产工程保驾方案、投产维（抢）修方案的编制单位。

2）投产期间风险识别及应对措施

（1）应对投产全过程进行风险识别；

（2）一般在试运投产过程中的突发事件主要分为自然灾害事件、事故灾难事件、公共卫生事件、社会安全事件 4 种类型；

（3）根据识别出的风险应制订事故风险削减措施、应急处置措施、责任单位和参考方案。

3）保驾队伍管辖范围

列表说明工程保驾队伍和维抢修队伍的基本情况、管理范围。

4）应急信息报送流程

（1）应根据投产组织机构编制应急信息报送流程；

（2）应制订投产应急通讯录，应包括控制中心、运行单位、建设单位的应急电话，并纳入当地公安、消防、医院、水利、林业等部门的应急电话。

5）应急处理流程

应根据风险识别的结果和投产组织机构编制应急处理流程。

8. 投产方案附件

投产方案附件包括但不限于以下内容：

（1）站场、阀室工艺流程图；

（2）输油泵特性曲线图；

（3）站场阀室操作内容与步骤；

（4）主要工艺计算；

（5）投产所需临时设施安装要求及示意图；

（6）投产备品备件、工器具、材料等物资清单；

（7）投产期间人员通讯联系表；

（8）试运投产计划时间表；

（9）试运投产前条件确认检查表；

（10）单体设备及分系统试运调试方案；

（11）投产工程保驾方案；

（12）投产维抢修方案；

（13）投产方案审查意见及采纳情况。

三、投产方式介绍

输油管道投产的方式主要有：空管投油和充水投油两种方式，充水投油又分为部分充水投油和全线水联运投油两种形式。

1. 空管投油

在油品进入管道前，在干线管道中充入一定长度的氮气段，投油过程中氮气段对油品和空气进行隔离，这种投产方式称为空管投油。

管道进油品前，提前从首站注入氮气，氮气封存在首站和某一截断点（阀室或站场）之间，注氮长度只占干线总长度的一部分。一般在油头前发送一个清管器，有利于排尽油品前端的气体。

2. 部分充水投油

在油品进入管道前，在干线管道中充入一定长度的清水段，投油过程中清水段对油品和空气进行隔离，这种投产方式称为部分充水投油。

采用油头前加水的投产方式，便于投产期间的设备调试，如果发生泄漏，输水期间便于事故处理。部分充水投油一般用于水源相对匮乏不能满足全线充水时的输油管道投产。如果是热油输送管道投产，部分充水为热水，提前为管道预热。一般在水头前和油头前各发送一个清管器，水头前发送清管器有利于排净干线内的气体；油头前发送清管器可以减少混油量。

3. 全线水联运投油

在油品进入管道前，将干线管道全部充满清水，并在充水期间进行全线设备调试和检漏，投油过程为油顶水，这种投产方式称为全线水联运投油。

先将干线管道内注满清水，一般在水头前发送一个清管器以排尽水头前的气体，然后进行全线输水联合试运（简称全线水联运），在此期间内完成全线单体设备、分系统调试，各种工况试运及自动化保护试运，如果发生泄漏，全线水联运期间便于事故处理。如果是热油输送管道投产，充水为热水，提前为管道预热。投油阶段再将管道内的水全部置换为油品。

第二节　输气管道投产

一、投产工作职责

针对投产应完成的主要工作如下：

（1）负责编制所在站场的相关投产方案；

（2）协助分公司编制输气管道投产方案；

（3）前期介入新建（改扩建）管道的施工建设，为顺利投产打好基础；

（4）负责制订所在站队投产培训计划需求，并参与投产培训；

（5）协助生产站长办理投产前的相关手续，参与与关联单位签署计量交接、调度等协议；

（6）负责准备岗位基础资料和运行参数记录报表；

（7）负责或协助编制投产期间的维抢修方案，参与维抢修方案的演练和实施；

（8）负责组织站队投产前的操作演练；

（9）参与、配合投产前的维抢修演练；

（10）参与投产临时设施的安装，投产期间对投产临时设施的运行进行监护；

（11）负责或协助编制投产实施细则，负责或组织编写投产操作票；

（12）参与投产前检查，参与对投产问题整改和确认；

（13）负责投产试运现场操作和运行监护，记录投产参数和相关指令；

（14）编制项目投产试运考核报告和投产总结报告。

二、投产方案主要内容

1. 总论

1）编制依据

相关标准、规范；初步设计、施工图设计以及工艺操作原理等相关设计资料；设备的技术文件；相关的委托书、会议纪要、协议等。

2）投产范围

在方案中应明确投产所包括的线路、阀室、站场及其他输气设施。

注：输气管道压缩机组投产应单独编制投产方案。

3）投产时间

在方案中应明确拟定的投产时间及投产方案适用的时间范围。

4）投产控制方式

在方案中应明确投产的控制方式。

5）投产方式

（1）投产前注氮一般采用干线管道部分充氮或全部充氮方式；

（2）应明确干线和站场置换方式，即同时置换或站场单独置换；

（3）应明确气头检测方式，一般有定点检测和跟踪气头检测两种方式；

（4）明确投产调压方式；

（5）如果需要注甘醇，明确注醇的种类。

6）投产计划

概述投产的过程及相应的时间安排；概述注氮、置换、升压、试运行全过程的主要内容和时间节点；概述氮气用量、注醇量、所需天然气总量等情况。

2. 管道工程概况

1）工程总体概况

概述线路走向；沿途地形、地貌、气候；重要穿越与跨越；主要设计参数；特殊点的位置及高程；线路走向图及线路纵断面图；场站、阀室分布表；管道防腐等情况。

2）场站工程概况

描述各场站的设置和功能，包括场站的位置、类型、功能、主要输气设备等情况。

3）各分系统概况

分系统包括仪表自动化系统、通信系统、电气系统、阴极保护系统、消防系统、供热系统等。

4）主要设备配置及工艺参数

应包括气液联动执行机构、分离器、调压橇、计量橇等主要设备的配置及工艺参数。

5）基础数据

应包括天然气组分、水露点和烃露点；沿线气温和管道沿线处理深地温；重要穿（跨）

越列表等内容。

3. 投产组织机构

1）基本原则

应明确投产过程中上级部门、建设单位、调控中心、运行单位及上下游等相关单位责任及工作界面。

2）组织机构及职责

（1）根据投产需要确定投产组织机构及相应的职责，为了使组织机构明晰宜编制组织机构框图；

（2）组织机构中一般包括投产领导小组、投产指挥部、总调度长和专业组，专业组一般包括调度组、场站组、线路组、协调组、投产保驾组、电气通信仪表自动化组、HSE 组、后勤保障组等；

（3）组织机构人员应由投产工程项目的相关单位人员组成，包括：上级部门、建设单位、控制中心、运行单位及上下游相关单位等；

（4）运行单位、调控中心、建设单位应参与投产方案编制，运行单位和调控中心应组织投产人员依据批准后的投产方案编写投产实施细则和投产操作票。

3）投产指挥和汇报程序

制订投产期间的指挥流程和信息报送流程，制订规范的信息报送用语。

4. 投产必备条件及准备

1）投产必备条件

投产必备条件应明确对管道工程建设、相关手续办理、投产临时设施、投产前准备、物资备品备件配备等方面的要求。项目建设符合国家相关法规、标准的要求，工程达到设计要求。应编制《试运投产前条件确认检查表》。

投产必备条件包含的主要内容如下：

（1）管道工程建设。

① 线路、"三穿"（管道穿越公路、河流、地下障碍物）、阀室、场站工程已施工完毕，并达到设计要求；

② 施工阶段干线管道已进行分段清管、测径、试压、吹扫和干燥，并符合相关标准规范要求；为了保证投产后运行生产的安全，投产前应进行站间通球扫线、测径，对管道通过能力进行检验；

③ 工艺设备、电气、通信、仪表自动化等分系统安装调试、整改完毕并验收合格，SCADA 系统达到设计要求；

④ 投产临时设施已安装完毕；

⑤ 已完成投产前检查及确认，影响投产的安全问题整改完毕。

（2）相关手续办理。

① 项目已经过中华人民共和国国家发展和改革委员会核准批复，并取得批复文件；

② 已取得建设用地规划许可证和建设工程规划许可证；

③ 管道的安全和环境等评价已通过相关部门审核；

④ 投产期间安全备案手续已办理；

⑤ 建设单位应在试运投产前取得环境保护行政主管部门同意试生产的相关批复文件;

⑥ 消防系统已通过消防部门验收;消防保驾队伍已落实,消防保驾协议签署完毕;

⑦ 防雷防静电设施已由有资质的机构进行检测,并出具了合格报告;

⑧ 已取得压力容器、安全阀等特种设备注册、备案、检定;

⑨ 供水、通信、外电、运销、计量等相关协议已签署完毕;

⑩ 试运投产方案已经过上级部门审查,并得到批复;

⑪ 建设单位已向当地安监部门提交试运投产申请,并得到批复。

(3) 投产准备。

① 明确投产工程保驾和维(抢)修保驾队伍已落实;

② 明确投产所需的工器具、备品备件、物资等已配置完毕;

③ 根据批复的投产方案编制投产实施细则;

④ 运行单位生产管理组织机构健全,各岗位人员配备到位,岗位人员培训合格,特殊工种操作人员已取得相关部门颁发的操作证书,各岗位的生产管理制度、操作规程、生产报表等编制完成。

2) 投产临时设施准备

应明确投产注氮、注醇、解冰堵用蒸汽车等临时设施的安装要求,并由设计单位根据示意图绘制出正式施工图。

明确输气管道临时设施注意事项,包括但不限于以下内容:

(1) 临时设施管线及设备的设计压力不应低于主体管道的设计压力;

(2) 临时设施不应影响投产流程;

(3) 临时设施应安全可靠便于拆除;

(4) 临时设施应考虑加固措施;

(5) 投产临时排气需设置警戒区。

3) 介质准备

(1) 应明确投产期间所需氮气、甘醇数量及准备方式,明确各阶段的天然气流量和所需天然气总量;

(2) 应对注入管道的氮气纯度提出要求,一般要求氮气纯度在99%以上。

4) 物资准备

应列出投产期间所需主要物资、工器具、备品备件等的详细清单。

清单中主要应包括:检测仪器;常用维修工器具;仪表自动化、电气、通信等专业常用工器具;

安全防护器具;应急类工器具;投产临时设施材料;备品备件等。

5. 管道投产

1) 投产概述

概述注氮、置换、升压、试运行全过程,包括全线置换升压期间压力调节方式、注醇情况、气头检测方式、引气放空点设置、检测点设置、干线氮气排放、升压台阶和检漏周期等内容。

2) 管道注氮

(1) 注氮方式。常用的注氮方式有液氮车注氮、制氮车注氮、氮气瓶注氮等,明确本次投产的注氮方式。

（2）注氮口的选择。注氮口选择应主要考虑的因素：合理确定注氮口管径；所选注氮口的位置对所在场站的氮气置换是否有利，注氮口位置和注氮车停放位置尽可能接近。

（3）注氮量的确定。确定管道所需充氮量应主要考虑以下因素：

① 各站场氮气置换消耗量；

② 如果采用干线和站场同时置换的方式，干线纯氮气段长度应保证在经过各站场期间能够完成站场氮气置换；

③ 干线氮气段到达最后一个站场之前应保证至少还有 5km 长度；

④ 干线充氮长度占干线总长度的比例宜为 7~10%。

3）注氮主要技术要求

（1）如果采用液氮车注氮，应配有加热装置；

（2）注氮装置氮气出口处应有准确、可靠的温度显示仪表和流量显示仪表，显示仪表应检定合格并在有效检定期内；

（3）注氮车氮气出口温度范围为 5~25 ℃，氮气出口温度不应低于 5 ℃，在保证注氮温度的前提下，其注氮速度不应低于本次投产规定的注氮流量；注氮期间如果注氮温度和注氮流量不能同时满足时，应优先保证注氮温度；

（4）封存氮气压力宜为 0.02~0.1 MPa（表），并尽量接近下限值；

（5）如果采用氮气瓶注氮，注氮前应用含氧检测仪检测确认氮气瓶内气体是否为氮气；

（6）购入的氮气纯度不应低于 99%。

4）管道注醇

（1）注醇口的选择。应在压力调节阀上游选择合适的注醇口位置。

（2）注醇量的计算。明确注醇流量与管道所输介质流量的比例，根据注醇的时间段计算出投产所需的甘醇总量（含备用量）；计算所需注醇量时应考虑注醇橇的最小注醇流量。

（3）对注醇的技术要求。

① 注醇装置的启、停和压力调节阀的开、关应同步；

② 应明确取消注醇时压力调节阀前后的差压值；

③ 进行含有甘醇的气体检测时，检测人员应穿戴好防护器具（护目镜、胶皮手套等），防止气体进入眼内造成伤害，应保持通风良好；

④ 操作人员在安装调试注醇橇和加醇时应在通风良好的情况下进行。

5）管道置换

（1）置换前的主要准备工作。

① 投产前应将站场阀室流程置为所规定的状态；

② 明确投产前站场外输调压橇和自用气调压橇的状态，并由设备厂家人员按要求完成设置；调压橇的导通一般有两种方式，即常压导通和需要一定压力才能导通；

③ 投产前应关闭所有站场阀室的气液联动阀、调压橇、计量橇 等设备仪表管线上的阀门，避免投产初期气体中的液体和杂质进入设备，待站场阀室压力升至 0.5 MPa（表）后再打开以上设备所关闭的设备仪表管线上的阀门；

④ 投产前关闭或拆下各路自用气调压箱内的微压表，以免在置换过程中因超压而损坏微压表；

⑤ 应对带电子控制单元气液联动执行机构的设置提出要求，主要如下：

a. 投产前利用氮气瓶对站场、阀室气液联动执行机构储气罐进行充压，充压至气液联动执行机构的最大工作压力；

b. 投产前应将气液联动执行机构电子控制单元置为休眠状态，待管线压力升至气液联动执行机构最低工作压力后，再将气液联动执行机构电子控制单元恢复为正常状态；

c. 在管线压力升至气液联动执行机构最低工作压力之前，开、关气液联动阀时应使用手动液压开关，储气罐中的高压氮气只用于投产期间气液联动阀的紧急关断。

（2）置换期间压力调节阀开度的控制。

① 置换期间天然气可计量时，按氮气段速度始终保持 5m/s 计算出全线置换期间的进气流量表，依据进气流量表和流量计的读数控制压力调节阀的开度；投产开始后，根据下游站场、阀室的气头检测情况计算出氮气段的实际速度，再对压力调节阀的开度进行相应的调整；

② 置换期间天然气不能计量时，按氮气段速度始终保持 5m/s 计算出全线置换期间的进气流量表，依据进气流量表和压力调节阀"流量—开度"数据或曲线控制压力调节阀的开度；投产开始后，根据下游站场、阀室的气头检测情况计算出氮气段的实际速度，再对压力调节阀的开度进行相应的调整。

（3）置换期间引气放空点、气头检测点的设置。明确引气放空点、气头检测点的数量和位置。明确引气放空阀打开和关闭的时间，一般在全线进天然气 1 h 之前打开引气放空阀，当所在站场（或阀室）检测到氮气和空气混气段气头时关闭引气放空。

（4）置换期间干线氮气段速度的控制。

① 干线置换期间管道内气体流速不宜超过 5m/s，投产期间干线氮气段速度宜控制在 4~5m/s 范围内；

② 投产期间干线氮气段速度的控制方式：氮气段下游保持充分的放空状态，氮气段速度宜只受控于管道起点的进气流量，如果没有特殊情况不应采用改变背压的方式来控制氮气段速度；

③ 如果干线存在较长距离缩径管段（如河流缩径穿越管段），在氮气段到达缩径管段之前一定距离时，管道起点进气流量就应有相应的提高，缩径管段下游至少连续 3 个阀室都应设置引气放空点，以便使氮气段通过缩径管段后尽快恢复速度。

（5）气体界面检测方法。

① 氮气—空气混气头的检测：用便携式含氧检测仪检测到管道中气体含氧量从 21% 开始下降至 18% 时，认为该气头到达；

② 纯氮气段气头的检测：用便携式含氧检测仪检测，当气体含氧量降至 5% 后，如果 3 分钟内保持下降趋势（至少检测 3 次），认为该气头到达；如果在 3 分钟内任何时刻含氧量降至 2%，纯氮气气头检测结束（注：投产前注氮时仍以检测到管道中气体含氧量降至 2% 为检测合格标准）；

③ 氮气—天然气混气头的检测：用便携式可燃气体检测仪（0~5%）检测到管道中刚有天然气出现时（检测仪第一次发出报警声或检测仪显示值超过 3%），认为该气头到达；

④ 纯天然气头的检测：用便携式可燃气体检测仪（0~100%）检测，检测仪显示值上升至 80% 后，如果在 3 分钟内保持上升趋势时（至少检测 3 次），认为该气头到达。

（6）置换期间检漏。明确置换期间管道、设备的检漏方法。

① 法兰检漏。a. $\phi150mm$ 以上（含 $\phi150mm$）法兰连接的检漏。在法兰连接处缠绕透明宽胶带（建议用保鲜膜），在胶带上扎一小孔，在小孔处检测有无天然气泄漏。如有泄漏，拆除胶带，用肥皂水（或洗涤剂加水稀释）确定漏气点位置，或用可燃气体检测仪（0~5%）确定漏气点位置。

b. $\phi150mm$ 以下法兰连接的检漏。用肥皂水（或洗涤剂加水稀释）在连接处涂抹，观察是否有气泡产生，或用可燃气体检测仪（0~5%）进行检漏。如果气温在0℃或以下，不能使用肥皂水（或洗涤剂加水稀释）进行检漏。

② 其他动密封与静密封点的检漏。

除法兰连接以外，管道设备其他动密封与静密封点用可燃气体检测仪（0~5%）进行检漏。

6）管道升压

（1）升压期间进气流量的控制。

① 升压期间天然气可计量时，编制升压期间进气流量表，流量值的大小应该根据上游实际供气能力来确定，升压期间应依据进气流量表和流量计的读数控制压力调节阀的开度；

② 升压期间天然气不能计量时，编制升压期间进气流量表，将进气流量值换算成升压期间线路管道每小时平均压力的上升速度，以该压力上升速度来控制压力调节阀的开度（注：升压期间管线每小时压力增加值不应大于1MPa）。

（2）升压台阶。应合理确定升压台阶和稳压检漏时间，升压期间除升压终值以管道起点压力为准外，其余各升压台阶的压力值均以末站的进站压力值为准。

（3）升压检漏。升压期间阀门设备的检漏方法和置换期间阀门设备的检漏方法相同。

（4）升压期间的排污。宜在站场压力升至 1.0 MPa（表）并在稳压检漏合格后对管道汇管、分离器、清管器收发筒等设备进行排污。

7）管道 72 h 试运行

（1）试运行概述。全线升压结束后进行 72 h 试运行，如果试运行期间管线、设备和系统运行正常，分输正常，管道投产结束。

（2）试运行检漏。试运行期间，阀门设备的检漏方法和置换期间阀门设备的检漏方法相同。

（3）试运行期间单体设备和分系统调试。列出试运行期间单体设备和分系统调试的主要内容。

6. HSE 要求

1）对组织和人员的要求

（1）投产工作分工明确职责清楚；

（2）应组织投产人员认真学习投产方案，投产期间投产人员的汇报和指挥应严格遵循相关流程；

（3）应组织相关技术人员对操作人员进行一次投产方案技术交底；

（4）投产前应进行投产方案模拟演练和投产应急预案演练；

（5）应对进场安全规定提出要求；

（6）应对投产人员的培训提出要求；

（7）应对投产人员劳保着装提出要求。

2）对场站、阀室及设备的要求

（1）应对场站、阀室、线路的通信提出要求，并明确通信设备的配备要求；

（2）应对工艺标示、介质流向等提出要求；

（3）应对消防设备配置、安全警示标示配置提出要求；对投产期间需进行安全警戒的区域提出相应要求；

（4）应对场站、阀室及设备的安全检查提出要求。

3）对操作的要求

（1）应明确投产期间应遵循的工艺操作原则；

（2）应对投产期间作业操作的指挥和汇报提出要求；

（3）应对投产期间氮气、天然气混气的安全排放提出要求。

4）对车辆的要求

（1）应对投产前车辆的检查保养提出要求；

（2）应对投产期间作业车辆的安全行驶提出要求；

（3）应对投产期间车辆的停放位置提出要求。

5）对人员健康的要求

（1）应要求投产前培训常见疾病和当地传染病的预防和处理知识；

（2）投产期间对疾病的防治应做到"早发现、早报告、早治疗"；

（3）应要求投产前配备常用药品和医疗用品；

（4）加强自救技能的培训，防止事态的扩大；

（5）加强同当地医疗救治单位的合作，使人员救治能得到有效的保障。

6）对环境保护的要求；

（1）应依据环保要求对排气（氮气和可燃气体）提出要求；

（2）应对投产期间各类废弃物的合规处置提出要求。

7. 应急预案

1）应急响应的组织和分工

（1）应识别投产风险并制订相应的应急处理措施，应急处理措施分为工程保驾和维抢修两部分，并制订出相应的投产工程保驾方案；

（2）应明确投产工程保驾方案、投产维抢修方案的编制单位。

2）投产期间风险识别及应对措施

（1）应对投产全过程进行风险识别；

（2）一般在试运投产过程中的突发事件主要分为自然灾害事件、事故灾难事件、公共卫生事件、社会安全事件4种类型；

（3）根据识别出的风险应制定事故风险削减措施、应急处置措施、责任单位和参考方案。

3）保驾队伍管辖范围

列表说明工程保驾队伍和维抢修队伍的基本情况、管理范围。

4）应急信息报送流程

（1）应根据投产组织机构编制应急信息报送流程；

（2）应制订投产应急通讯录，应包括控制中心、运行单位、建设单位的应急电话，并纳入当地公安、消防、医院、水利、林业等部门的应急电话。

5）应急处理流程

应根据风险识别的结果和投产组织机构编制应急处理流程。

8. 投产方案附件

投产方案附件包括但不限于以下内容：

（1）站场、阀室工艺流程图；

（2）站场阀室操作内容与步骤；

（3）主要工艺计算；

（4）投产所需临时设施安装要求及示意图；

（5）投产备品备件、工器具、材料等物资清单；

（6）投产期间人员通讯联系表；

（7）试运投产计划时间表；

（8）试运投产前条件确认检查表；

（9）单体设备及分系统试运调试方案；

（10）投产工程保驾方案；

（11）投产维抢修方案；

（12）投产方案审查意见及采纳情况。

三、投产中的关键技术问题

1. 气体界面不加隔离球

氮气和空气之间、氮气和天然气之间一般不加清管器隔离。气体界面加清管器隔离的目的是为了减少不同气体之间的混气，但实践表明不但不能减少混气反而增加了混气，并增加了操作量和其他风险。

2. 注氮方式

注氮方式分为干线管道部分充氮和全部充氮两种方式。

1）部分注氮方式

一般情况下如果管道全部注氮是一种浪费，所以采用部分注氮的方式，即从首站注氮，将氮气封存在首站和某一截断点（阀室或站场）之间，输气管道注氮长度一般不宜超过管线总长度的10%。管道进天然气后，天然气推动氮气段对全线进行置换，干线氮气段既能起到隔离天然气和空气的作用，干线纯氮气段经过站场期间还能完成站场的氮气置换。

2）全部注氮方式

在干线管道管径较小、长度较短或不具备部分注氮时采用干线管道全部注氮方式。

3. 线路和站场置换方式

干线和站场置换配合分为两种方式：第一种方式是常用的线路和站场同时置换的方式，即干线纯氮气段经过站场期间完成站场的氮气置换；第二种方式是站场不和干线同时置换，站场单独进行置换，这种方式一般是在干线投产时站场还不具备投产条件时采用。

4. 投产期间天然气的调压方式

输气管道投产期间应在管道起点（一般为首站）用调压阀（或旋塞阀、节流截止阀等）对上游来气进行节流降压(简称调压)。天然气的调压方式一般分为一级调压和两级调压。

1) 一级调压

一级调压是指只在首站用调压阀对上游来气进行节流降压,投产用调压阀可以为调压橇上的调压阀,也可以是在站场工艺流程中选用的已有节流阀,或要求设计增设投产临时用节流阀。

2) 两级调压

当上游来气压力较高时,如果只采用一级调压,由于压降过大会产生冰堵,或者因为温降太大,过低的温度会对调压阀下游管段、管件等产生危害,应采用两级调压方式。第一级调压设在首站,第二级调压一般设在第一个阀室,两级调压同时进行,两个调压点之间管道的压力需保持在一个合适的数值上,由于是动态平衡,该数值允许有一定的波动范围。

5. 注醇投产

投产期间如果天然气经过调压阀后会产生冰堵,则需要在调压阀之前选择合适的注入口进行注醇,以降低上游来气的水露点。常用的注醇剂为甲醇或乙二醇。

注醇时间:从进天然气时开始注醇,当调压阀前后差压降低到不会产生冰堵时停止注醇。

注醇装置的起、停应和调压阀的开、关同步。

第二部分 输油气工艺技术管理及相关知识

第四章 输油气工艺技术管理

第一节 输油气运行工况分析

一、油气管道运行与控制原则

管道生产运行与控制，应遵循以下优先顺序：安全、可靠/有效、高效。

1. 液体管道运行与控制原则

1) 运行原则

(1) 监控管道系统的运行工况，确保输送系统的正常运行；

(2) 确保系统参数在允许的范围内；

(3) 执行调度令，对管道生产动态进行记录和汇报；当中控人员进行操作时，站内人员做好该命令执行情况的现场确认，并且站控系统中设备的显示应根据实际发生改变；

(4) 管理与分析报警、事件信息；

(5) 对出现的事故及事故等级进行判断，对影响系统性能的意外状况进行纠正，对不能纠正的问题汇报上级调度或进行应急响应。

2) 控制原则

(1) 管道系统的运行一般应由控制中心进行监控。

(2) 各站场(泵站、计量调压站、清管站和阀室)除可远程操作外，在如下情况应能进行本地操作：

① 远程通信中断；

② 控制中心远程监控中断；

③ 切换到本地控制模式进行现场维护作业。

(3) 异常工况下站紧急关闭。当站内出现的异常工况影响站内安全生产时，可执行站紧急停机系统(Emergency Shut Down System，简称ESD)。站ESD具体按以下顺序执行：

① 向站控和调控中心同时发出报警信号；

② 站内加热设施紧急停运；

③ 泵站内泵机组紧急停机；

④ 关闭站场进、出口阀；

⑤ 关闭泵站内泵机组的进、出口阀。

2. 天然气管道运行与控制原则

1) 运行原则

(1) 监控管道系统的运行工况,确保输送系统的正常运行;

(2) 确保系统参数在允许的范围内;

(3) 执行调度令,对管道生产动态进行记录和汇报;当中控人员进行操作时,站内人员做好该命令执行情况的现场确认,并且站控系统中设备的显示应根据实际发生改变;

(4) 管理与分析报警、事件信息;

(5) 对出现的事故及事故等级进行判断,对影响系统性能的意外状况进行纠正,对不能纠正的问题汇报上级调度或进行应急响应。

2) 控制原则

(1) 管道系统的运行一般应由控制中心进行监控。

(2) 各站场(压气站、计量调压站、清管站和阀室)除可远程操作外,在如下情况应能进行本地操作:

① 远程通信中断;

② 控制中心远程监控中断;

③ 切换到本地控制模式进行现场维护作业。

(3) 异常工况下站紧急关闭。当站内出现的异常工况影响站内安全生产时,可执行站ESD。站 ESD 具体按以下顺序执行:

① 向站控和调控中心同时发出报警信号;

② 压气站内压缩机组紧急停机;

③ 关闭站进、出口阀;

④ 关闭压缩站内压缩机组的进、出口阀;

⑤ 关闭机组燃料气隔离阀;

⑥ 一旦确认站进、出口阀已关闭,自动打开站场、压缩机组和机组燃料气放空阀。

二、输油气运行工况分析与处理

密闭运行的管道,有许多因素可以引起运行工况的变化,可将其分为正常工况变化和事故工况变化。通过对运行工况的分析,有助于对运行方案进行评价并提出优化运行的建议。

1. 输油管道运行工况分析与处理

1) 全线系统分析法

管道密闭输送时,上站来油的干线直接与下站泵的吸入管线相连,各输油站的输油泵采用串联的工作方式。输油站及站间管道的工况相互密切联系,类似一个站上的多台泵串联,整个输油管道形成一个密闭、连续的水力系统。它的特点是:

(1) 各站的输量必然相等;

(2) 各站的进出口压力相互直接影响,一个站或站间管道的工作状态的变化,都会引起全线输量和压力的波动。

2) 正常工况趋势分析

(1) 平稳运行且不存在工况调节时,运行参数趋于稳定数值;

（2）存在工况调节时，短时间内各项运行参数均发生大幅变化，然后逐渐趋于稳定；

（3）停输状态下，压力基本稳定，但由于管道温降压力存在缓慢下降趋势。

3）异常工况分析与处理

异常工况通常会引起运行参数的变化。这些参数主要包括输量、各站的进出站压力及泵效等。严重时，会使某些参数超出允许范围。因此，掌握输油管道运行工况的分析方法，对于管理好一条输油管道是十分重要的。

发现生产运行异常工况后，要求工艺工程师能够按照参数变化及设备工作情况，及时判断分析原因，并能够采取正确的决策。常见的异常工况主要有：干线泄漏、清管器站间卡堵、出站泄压阀误动作、干线阀门关闭故障等情况。

（1）干线泄漏异常工况分析与处理。

① 管道泄漏工况识别。可从漏点处将全线分为两段，干线漏油后，漏点相当于增加了一条支管，漏油点上游流量变大，漏点下游流量减小。在调节阀和变频泵无动作情况下，漏点上游泵站流量增大，泵扬程减小，进站压力又下降，故漏点上游站场前出站压力下降。即漏油后，漏点上游站场的进出站压力都下降。同理可得到漏油后，漏点下游各站的进出站压力也下降。即发生干线漏油后，泄漏点上游流量增大，进、出站压力减小；泄漏点下游流量减小，进、出站压力减小；离泄漏点越近压力下降越大；泄漏点上游泵转速增加，泵可能过流；泄漏点上游出站调节阀开度减小；泄漏点下游可能高点拉空，液柱分离。

② 泄漏处理方法。

a. 通知调度对上游各泵站立即采取紧急停输措施（优先停运紧邻泄漏点的泵站），关闭泄漏点上游干线截断阀（或上游站出站阀），站场人员按调度要求关断泄漏点上游手动阀门；

b. 漏点下游的操作应根据事故点地形来操作；

c. 若事故点和下游泵站均处于上坡段，或事故点处于下坡段，则应尽量抽低下游泵入口压力再停泵，并关闭泄漏点下游阀室；若事故点处于上坡段，而下游泵站处于下坡段，则下游泵站应尽量抽低到高点压力为 0 时再停泵，并关闭泄漏点下游阀室。

（2）清管器站间卡堵分析与处理。

① 清管器卡堵工况识别。当管线正常运行且不存在工况调节的情况下，清管器卡堵时的现象为：卡堵点上游流量减小，进站压力增大，出站压力增大；卡堵点下游流量减小，进站压力减小，出站压力减小。

② 卡堵处理方法。

a. 清管器发生卡堵后，应提升清管器上游泵站出站压力，增大清管器上游流量，对清管器进行挤顶；

b. 当上下游泵站压力已提到最大限值时，下游流量仍无变化，应立即发送带有定位装置的清管器进行挤顶，以消除卡堵或对卡堵清管器进行定位；

c. 带定位装置清管器停止于管线中，说明挤顶无效，此位置即为卡堵位，此时需全线紧急停输，保证管道安全；

d. 按程序汇报调度，并通知上下游相关单位；

e. 做好事件记录；

f. 配合维（抢）修队伍进行抢险处理。

（3）出站泄压阀误动作分析与处理。

① 泄压阀误动作工况识别。出站泄压阀误动作后主要体现在以下几个方面：一是出站压力突降、进站流量上升；二是出站泄压阀动作，而出站压力并未超过泄压阀设定值；三是泄压罐液位上涨；四是可能出现甩泵。出现以上现象，即可判断为出站泄压阀发生误动作。

② 出站泄压阀误动作处理方法。

a. 站场尽量调低出站压力，必要时可以停泵；

b. 通知现场人员及时关闭泄压阀前的阀门；

c. 若停泵或甩泵后，立即降低上游站场的流量，提高下游站场的流量；

d. 泄压阀前的阀门关闭后，恢复管线原先的流量和压力；

e. 按程序汇报站领导；

f. 做好事件记录。

（4）干线阀门误关闭故障分析与处理。

① 干线阀门误关工况识别。干线阀门误关闭故障后主要体现在以下几个方面：阀门关断处上游压力急剧上升；阀门关断处上游流量降低；阀门关断处下游压力下降；阀门关断处下游流量降低。

② 干线阀门关断处理方法。

a. 干线截断阀关闭的保护程序内设定有一定的延迟时间，中控应先操作，恢复原来状态。若无法恢复则执行全线 ESD 程序，对于没有全线 ESD 保护的管道，阀门无法恢复，则立即手动紧急停输；

b. 优先停邻近关断阀室的泵站，在保证压力限制范围内的情况下迅速停上游所有泵，再停输下游泵。

2. 输气管道运行工况分析与处理

1）正常工况分析与处理

正常工况趋势分析：

（1）平稳运行且不存在工况调节时，运行参数趋于稳定数值；中间无增压站时，首站压力最高，根据管道沿线分输站场情况，压力逐渐降低，末站压力最低；

（2）输气管线中气流随着压力的下降，体积和流速不断增加，摩阻损失随速度的增加而增加，因此压力降落也加快，所以压力变化呈抛物线降落，开始压力缓慢降落，但距离起点越远，压力降低越快；

（3）存在工况调节时，各项运行参数随之发生变化，然后逐渐趋于稳定。

2）异常工况分析与处理

异常工况通常会引起运行参数的变化。这些参数主要包括输量和运行压力等。严重时，会使某些参数超出允许范围。因此，掌握输气管道运行工况的分析方法，对于管理好一条输气管道是十分重要的。

发现生产运行异常工况后，要求工艺工程师能够按照参数变化及设备工作情况，及时判断分析原因，并能够采取正确的决策。常见的异常工况主要有：干线泄漏、管道堵塞等。

（1）管道泄漏工况分析与处理。

① 管道泄漏工况识别。管道泄漏的判断依据如下：

a. 输气压力异常降低；

b. 站间管道压降过大，同时又排除了管道堵塞的可能；

c. 压缩机功率异常变化;

d. 管道附近有不正常的响声和气味;

e. 管道穿越的水面有连续气泡产生;

f. 气液联动阀自动关闭而又排除了误动作的可能;

g. 接到泄漏报告。

② 管道泄漏处理方法。

a. 确认管道泄漏后,应立即启动相应的应急预案,上报调度,并通知上下游用户采取应急措施。

b. 关闭泄漏点上下游阀室或站场干线截断阀门;具备压降速率自动关断功能的阀门,需现场确认阀门是否关闭。

c. 打开事故管段放空阀门,放空该管段内天然气。

d. 根据事故点情况进行抢修处置。

(2) 管道堵塞工况分析与处理。

① 管道堵塞工况识别。当管道在无人为改变输气工况的情况下,如发现上站出站压力持续升高,下站进站压力持续降低,即可判断为管道堵塞。

② 堵塞处理方法。

a. 确认管道堵塞后,应立即启动相应的应急预案,并通知上下游用户采取应急措施。

b. 因水合物堵塞,立即启动管线冰堵应急预案。若全部堵塞,可尝试采用上游升压或下游降压的方式推走水合物,或采用升温、降压等方式来分解水合物;若部分堵塞,可发送清管器推走水合物。

c. 因固体杂质堵塞,若部分堵塞可采取发送清管器清管的措施。

d. 如清管器堵塞可增大压差(即在堵塞部位上游增大压力或下游放空),但在操作时应缓慢升压或放空,仔细观察,如设备和管道振动过大,应立即停止。

e. 如清管器堵塞还可采取上游放空,用下游压力将清管器反推回去的方法。

f. 如以上措施均不能见效,在判断出堵塞部位后,组织队伍进行封堵割管处理。

三、工艺运行优化方法

工艺运行优化是通过改变管道的能量供应或改变管道的能量消耗,使之在给定的输量条件下,达到新的能量供需平衡,保持管道系统不间断、经济的运行。实质就是人为对运行工况加以控制。

1. 工艺运行优化的原则

(1) 保证完成任务输量的前提下,全线能耗费用最低;

(2) 对密闭输送管道,全线综合考虑,优先改变动力站的能量供应,使节流损失最小。

2. 优化方法

(1) 改变动力设备的工作特性,这里以泵为例子。

① 换用(切削)叶轮直径。适用于输量调整可持续时间较长的情况,切削叶轮有一定范围。

$$\frac{Q'}{Q} = \frac{D'}{D} \quad \frac{H'}{H} = \left(\frac{D'}{D}\right)^2 \quad \frac{N'}{N} = \left(\frac{D'}{D}\right)^3 \qquad (4-1-1)$$

式中 D——叶轮切削前直径,m;

D'——叶轮切削后直径，m；

Q——叶轮切削前泵的流量，m^3/h；

Q'——叶轮切削后泵的流量，m^3/h；

H——叶轮切削前泵的扬程，m；

H'——叶轮切削后泵的扬程，m；

N——叶轮切削前泵的泵效；

N'——叶轮切削后泵的泵效。

即泵排量与叶轮直径成正比。通过对输油泵更换不同直径的叶轮可以在一定范围内改变输量，但泵的叶轮不能切削太多，否则泵效率下降较大，因此这种方法不适用于大幅度改变输量的情况。

② 改变多级泵的级数。这种方法适用于装备并联离心泵的管道。要求降低输量时，拆掉若干级叶轮，而需要恢复大输量时则将拆掉的叶轮重新装上。

③ 改变运行的泵站数或泵机组数。调整范围大，适合于输量波动较大的场合。对串联泵机组可以调整全线各站运行的泵机组数和大、小泵的组合，来达到改变某段管道或全线压力的目的；对于并联机组可以改变站内运行的泵机组数和全线运行的泵站数，来改变某段管道或全线流量的目的。

④ 改变泵的转速。

$$\frac{Q'}{Q} \propto \frac{n'}{n} \qquad \frac{H'}{H} \propto \left(\frac{n'}{n}\right)^2 \qquad\qquad (4-1-2)$$

式中　n——调整前泵的转数，r/s；

n'——调整后泵的转数，r/s；

Q——调整前泵的流量，m^3/h；

Q'——调整后泵的流量，m^3/h；

H——调整前泵的扬程，m；

H'——调整后泵的扬程，m。

改变泵的转速，实质也是改变泵的特性曲线，泵的排量近似与转速成正比，扬程近似与转速的平方成正比。当离心泵的转速变化 20% 时，泵效率基本无变化，因此，调速是效率较高的改变输量的方法。

（2）利用调节阀节流。节流是人为地造成流体的压能损失，降低节流调节机构后面的压力。主要利用调节阀进行节流。

四、运行分析管理

按时对所辖输油气管道的年度和月度运行情况进行分析总结，并应用分析结果指导输油气管道的生产运营管理。

运行分析内容至少包含以下内容：所辖输油气管道完成输油气计划的情况；更新改造及大修理项目和维检修任务的实施和完成情况；管道运行参数、能耗分析；生产事件、事故分析等。

第二节　审核操作票与操作监督

操作票是企业生产操作中重要的票据，起到规范流程操作的作用。在实际工作中，工艺工程师的主要负责对票据进行审核，监督操作人员按照票据内容完成操作。

一、操作票的审核

审核工作是根据现场实际情况，对操作票正确性进行的核对，主要包括以下几方面：

（1）操作票涵盖全部的操作内容；

（2）操作过程与作业指导书中一致；

（3）操作票中包含风险识别和应急响应。

二、组织操作人员模拟操作并进行技术指导

通过让操作人员在站控机上或模拟流程图上进行模拟操作，使操作人员熟悉操作票中所列举的操作过程。工艺工程师需针对操作过程中发生的问题进行纠正或技术指导，使其能够按照操作票内容完成操作。

三、监督操作票销项操作

监督操作人员按照操作票内容进行操作，重点在于风险控制措施落实、操作过程参数的确认、异常情况的处理和总结分析。工艺技术员在监督操作人员执行操作票内容时，必须做到以下几点：

（1）保证操作票中风险控制措施落实到位，所有的风险在可控范围内；

（2）密切关注参数情况，及时确认参数变化；

（3）当出现异常情况时，能立即采取补救甚至应急措施；

（4）监督操作员完成每项操作后在操作票上进行销项确认。

第三节　工艺及控制参数限值变更

工艺工程师要掌握本站的工艺及控制参数情况，当工艺参数不能满足生产需要，要进行变更处理。

一、变更范围

（1）油气管道输送方式及控制方式的改变；

（2）油气管道输送流向的改变；

（3）油气管道输送介质的改变及介质特性的变化；

（4）油气管道主要设备、设施的改变；

（5）因以上改变带来的控制参数的改变。

二、工艺参数变更工作主要内容

（1）根据生产运行实际情况，发现和上报不合理的工艺控制参数，并提出改进建议；

（2）参与协助分公司生产科完成工艺及控制参数限值变更方案编制、申请；

（3）参与工艺参数控制变更的方案实施、确认方案变更后的工艺参数，并对变更前后的工艺参数进行效果评价；

（4）组织相关人员进行工艺及控制参数变更培训；

（5）协助生产科组织相关报备材料。

三、变更方案

编制的变更方案应包含以下内容：

（1）管道概况；

（2）工艺控制参数现状；

（3）工艺控制参数变更原因；

（4）工艺控制参数变更依据；

（5）工艺控制参数变更实施步骤；

（6）风险识别与应急处置措施。

第四节 编制月度工作计划

根据每年分公司下达的工作计划大表，工艺工程师要对本专业负责的工作进行分解，制订工作计划及要求。

一、月度工作计划的编制

依据分公司全年工作计划要求和生产实际情况，编制本专业月度工作计划，工作计划内容要做得详实、针对性强，具体要求如下：

1. 组织召开每日早班会

（1）点名；

（2）布置当天工作任务；

（3）会议记录。

2. 岗位集中巡检

（1）组织站长、站上技术人员和值班人员对站场全面检查；

（2）检查工艺运行参数、值班员巡检数据填入的及时性和准确性、值班记录及调度令执行情况等；

（3）发现问题及时处理并汇报。

3. 工艺流程操作

（1）组织制订流程操作方案，审核操作票；

（2）对实际操作进行监督。

4. 组织清管作业

（1）组织清管流程操作；

（2）清管器收发作业。

5. 工艺锁定管理

（1）检查锁定台账；

（2）审批锁定操作票。

6. 冬防保温工作

（1）组织落实各项保温措施；

（2）编制总结报告；

此外，计划中还必须包含安全预防措施。

二、月度工作计划实施

月度工作计划制订并通过审批后方可实施，实施过程中要做到组织有序、执行到位，不得随意对计划进行更改。若实施过程中确实发生问题，必须及时检查并处理，不能处理的立即汇报上级部门。

第五节　作业文件的编制

作业文件是以程序文件为基础，通过识别并分析程序文件所含各项作业或活动，从而针对作业或活动设置的为作业提供具体的和可操作的操作方法、步骤、要求和行为准则的一类指导性文件。

一、作业文件的编制

（1）进行前期调研，收集和整理有关的图纸、说明书等技术资料；

（2）精通作业项目的性能、原理、结构、操作要点和作业流程；

（3）掌握作业项目安全规程、操作规程；

（4）根据相关技术要求、技术资料及相关技术经验，编写作业文件初稿；

（5）参与初稿审核及审核后的修订；

（6）报上级主管部门审批、发布。

二、作业文件包含内容

（1）对某一事项或某个环节说明做的方式、方法、步骤、要求和行为标准；

（2）管理规定和制度；

（3）被提升为公司企业技术标准的操作规程或规定；

（4）应急计划；

（5）记录或表格。

三、作业文件编写要求

（1）以相对独立的作业过程为编写对象，应覆盖所支持的程序文件必要注释的步骤或环节；

（2）详细、具体、可操作性强；

（3）与程序文件或其他作业文件注明互相的接口，避免重复；

（4）可以规划需要编制的作业文件清单，逐步进行完善。

四、作业文件编号和格式

作业文件的编号、格式和排版要求见《体系文件编写指南（GDGS/ZY 52.02 - 01 -

2010)》。

第六节　组织油气管道清管作业

一、油气管道清管简介

管线在新投产后、内检测前、运行中能力降低及特殊作业需要清管等情况下，应安排清管作业，保证管道安全高效运行。

（1）清管器的形状有：球形、炮弹形、碗形、直板形等；

（2）清管器的功能有：除水、隔离、清蜡、除污等；

（3）智能清管器有：测径、探测、定位、轨迹测量、自动封堵等；

（4）清管作业是管道建设、投产、运行、检测等项工作的重要手段。

二、清管周期的确定

（1）新建管道投产 6 个月内宜进行首次清管作业，最迟不应超过 12 个月；

（2）开展添加降凝剂或减阻剂等科学试验前，具备清管条件的管道应进行清管作业；

（3）发生自然灾害后，输油气管道宜进行清管作业，判定管道变形情况；

（4）天然气管道满足下列条件之一时宜启动清管作业：

① 管道公称直径为 300~800mm，且管道输送效率低于 0.8；

② 当管道公称直径大于 800mm，且管道输送效率低于 0.91 时；

③ 天然气中硫化氢含量或水露点监测值连续 30 天不符合 Q/SY 30 的规定时；

④ 输气站单次排污量大于 $0.5m^3$ 时；

⑤ 两次清管最长时间间隔不宜超过 3 年。

（5）成品油管道满足下列条件之一时宜启动清管作业：

① 管输油品杂质含量超出 GB 252 和 GB 17930 规定的质量指标；

② 输油站过滤器单次杂质清出量大于 200kg 时；

③ 两次清管最长时间间隔不宜超过 2 年。

（6）原油管道满足下列条件之一时宜启动清管作业：

① 管道内壁平均结蜡厚度大于 2 mm；

② 实际输送能力比上次清管结束时下降 5% 时。

常温输送管道每季度宜进行一次清管作业；加热输送管道根据管输油品物性特点、输送工艺、运行工况、环境状况等因素综合确定清管周期，至少每季度进行一次清管作业。

三、清管器的种类与选择

清管器应根据不同的清管目的选择不同的结构形式。常规清管宜采用碟型皮碗清管器、直型皮碗清管器或直碟皮碗清管器。首次或超过 6 个月未清管时，清管作业首枚清管器宜采用软质清管器。对于含有硬蜡的管道进行清管作业，宜采用钢刷清管器。对于含有铁磁性杂质的管道进行清管作业，宜采用磁力清管器。如在清管作业中初步判断管道的可通过能力，宜采用测径清管器。当管道内壁有涂层时，应将钢刷清管器和磁力清管器上的钢丝刷更换为尼龙刷。速度较高和杂质较多的管道清管时，机械清管器宜设置泄流孔，泄流孔的设置参考Q/SY 1262。清管器长度宜大于干线管道公称直径的 1.5 倍。清管器材质选择应按 Q/SY 1262 的规定执行。

四、清管技术要求

1. 天然气管道

清管作业宜安排在地温较高的季节进行。清管器收发作业宜采用现场操作，收球流程应在清管器进站前 2h 完成切换。清管站间同一管段不宜同时运行两个清管器。清管器接收筒内不应放置轮胎、清管球等橡胶缓冲物。清管期间应尽量保持运行参数稳定，不宜进行流程及设备的切换和管线停输。以清管站间主要壁厚所对应的管道内径为计算基础，清管球过盈量宜为 3% ~ 10%，泡沫清管器过盈量宜为 2% ~ 4%，清管器密封皮碗过盈量宜为 2.5% ~ 5%。清管器的运行速度宜控制在 3~5m/s。

2. 成品油管道和原油管道

成品油管道宜安排在柴油批次中运行清管器。清管器收发作业宜采用现场操作，收球流程应在上站清管器出站前完成切换。首次或超过 6 个月未清管时，清管作业宜从管道末端开始向前端逐步进行。清管器的运行速度宜控制在 1~2m/s。清管期间应尽量保持运行参数稳定，不宜进行流程及设备的切换和管线停输。以清管站间主要壁厚所对应的管道内径为计算基础，泡沫清管器过盈量宜为 2% ~ 4%；清管器密封皮碗过盈量宜为 2.5% ~ 5%。

清管前两天到三天，加热输送的原油管道应提高进站油温 1~2℃。

五、清管作业的组织实施

1. 清管前期准备

（1）检查现场清管器规格尺寸、发射机技术参数和接收机技术参数是否与清管方案中相符。

（2）对站场设施（包括发球筒、收球筒、阀门、仪表、排污系统、放空系统）及周围环境情况等进行检查，是否满足发球要求。

（3）检查风险防范和处理落实到位：

① 清管风险识别；

② 风险预防措施；

③ 应急处理。

2. 清管作业实施

（1）现场监督清管器发送或接收流程切换及操作。

（2）清管器的跟踪：

① 跟踪各组范围；

② 跟踪要求；

③ 跟踪汇报。

第七节　成品油顺序输送混油切割与处理

一、混油的切割

1. 混油段切割方法

当混油到达末站时，通常是将 1%～99% 的混油作为混油切出，把混油按 50% 切割，分成两部分，前部分富含 A 油，后部分富含 B 油，分别切入两个不同的混油罐中（在成都分输泵站也类似按一定流量比例切割混油）。然后把富含 A 油的混油（体积为 V_A）准备掺混到纯净的 A 油中，把富含 B 油的混油（体积为 V_B）准备掺混到纯净的 B油中。该混油切割方式可以最大程度地掺混混油，减少拔头混油处理量。如图 4-7-1 所示。

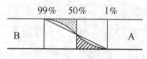

图 4-7-1　混油切割示意图

实际操作中，通常不知道混油界面的百分比，而是通过密度的变化来进行混油界面的切割。按密度进行切割的一般原则（适用于柴油和汽油之间）为：

切割中间点的密度为 $\rho = 0.5(\rho_A + \rho_B)$，切割中间点到切割起始点之间的混油切入富含 A 油的混油罐中；切割中间点到切割结束点之间混油切入富含 B 油的混油罐中。

（1）切割起始点的密度。如果 $\rho_A > \rho_B$，即汽油推柴油时，切割起始点的密度为 $\rho_1 = \rho_A - \Delta\rho$；反之，则 $\rho_1 = \rho_A + \Delta\rho$。

$\Delta\rho$ 为纯净油品的密度变化量，它是一个经验值，其大小取决于纯净油品的质量潜力和设计上所能处理的混油总量。目前，在兰成渝管道的混油切割中，这个值还处于摸索阶段。

（2）切割结束点的密度。如果 $\rho_A > \rho_B$，切割结束点的密度为 $\rho_1 = \rho_B - \Delta\rho$；反之，则 $\rho_1 = \rho_B + \Delta\rho$，$\Delta\rho$ 取值情况同上文。

2. 编制混油切割方案

混油切割方案需要计算得出，切割值的计算依据有：

（1）前行油品（后行油品）的密度值、闪点、终馏点、冷滤点（取自产品合格单）等；

（2）混油切割完成后单罐的最大进油量；

（3）油品的批量；

（4）进油罐的底油质量指标；

（5）混油段的大小；

（6）管线的停输时间及停输时油头位置。

1）汽油与柴油密度切割值的计算

（1）混油段油头的密度切割值的计算：

$$D_1 = X_1 K_1 + (1 - X_1)K_2 \qquad (4-7-1)$$

式中　D_1——混油段油头的密度切割值，kg/m³；

　　　X_1——混油段油头的切割界面处前行油品浓度（前行油品为柴油后行油品为汽油时，取 $X_1 = 80\% \sim 90\%$；前行油品为汽油后行油品为柴油时，取 $X_1 = 70\% \sim 85\%$，%；

　　　K_1——混油段前行油品的密度，kg/m³；

K_2——混油段后行油品的密度，kg/m³。

（2）混油段油尾的密度切割值的计算：

$$D_2 = X_1 K_1 + (1 - X_1)K_2 \qquad (4-7-2)$$

式中 D_2——混油段油尾的密度切割值，kg/m³；

X_1——混油段油尾的切割界面处前行油品浓度（前行油品为柴油后行油品为汽油时，取 $X_1 = 80\% \sim 90\%$；前行油品为汽油后行油品为柴油时，取 $X_1 = 60\% \sim 70\%$），%；

K_1——混油段前行油品的密度，kg/m³；

K_2——混油段后行油品的密度，kg/m³。

2）汽油和汽油以及柴油和柴油混油段切割范围的确定

（1）根据密度计和界面仪的输出值，按油品浓度为 50% 处进行切割，为确保高标号油品的质量，可根据实际情况尽量减少低标号油品对高标号油品造成的污染。

（2）97#汽油油头切割按照 100% 的浓度切割。

二、混油处理

1. 混油的计算

混油黏度和混油长度采用奥斯汀（Austin）和柏尔弗莱（Palfrey）混油计算经验公式进行计算。

1）混油黏度计算

$$\lg\lg(\nu \times 10^6 + 0.89) = 0.5\lg\lg(\nu_A \times 10^6 + 0.89) + 0.5\lg\lg(\nu_B \times 10^6 + 0.89)$$

$$(4-7-3)$$

式中 ν_A——A 油在输送温度下的运动黏度，m²/s；

ν_B——B 油在输送温度下的运动黏度，m²/s；

ν——各 50% 的混油在输送温度下的运动黏度，m²/s。

2）混油长度计算

$$Re_j = 9870\exp(2.74D^{0.5}) \qquad (4-7-4)$$

$$l = 11.75(L \times D)0.5Re^{-0.1} \quad (Re > Re_j) \qquad (4-7-5)$$

$$l = 18420(L \times D)0.5Re^{-0.9} \times \exp(2.19D^{0.5}) \quad (Re < Re_j) \qquad (4-7-6)$$

式中 Re——雷诺数

Re_j——临界雷诺数；

D——管内径，m；

L——管线长度，m；

l——混油段长度，m。

2. 减少混油量的措施

为了减少混油，在顺序输送中可采取以下措施：

（1）尽量提高管道的输量，避免小输量产生混油过多；

（2）在输送过程中，尽量避免停输；

（3）合理安排油品顺序，尽可能将密度和其他物理化学性质接近的油品安排在一起；

（4）及时进行油品切割；

（5）从干线通过支线分输时，干线流速降低不超过 30%；

（6）通过调压控制管道流速，避免在下坡段产生不满流。

3. 混油处理的基本方法

成品油顺序输送产生的混油是一种不合格的油品，产生混油是使成品油顺序输送中油品贬值的主要原因之一，混油不能作为成品出售，只能再经过处理合格后才能按成品出售。采取合理的混油处理方法是提高成品油顺序输送管道经济效益的重要因素之一。

有两种方式处理混油：第一种处理方法是以掺混的方式处理顺序输送所产生的混油，这种方式是目前国内外所通用的一种行之有效而且比较简便的方法。所谓掺混方法是把混油段中含甲种成品油份量较多的混油头在站场内掺入甲种成品油储罐内或者用比例泵以一定的比例注入到甲种成品的管线中；而将含乙种成品油份量较多的混油尾掺入站场内乙种成品油储罐内或者用比例泵以一定的比例注入到乙种成品的管线中，条件是被掺混进混油头的甲种成品油和掺混进混油尾的乙种成品油的油品性质的控制指标必须符合国家规定标准。当然，所输送的甲种和乙种成品油的质量指标在从炼厂出厂时必须留有一定余量(即所谓"质量潜力")，在掺混后仍能符合国家标准。首先各混油段进入专用的各自的混油罐，然后通过掺混泵按比例将混油掺入油品相近的油罐中。掺混比例的确定以保证油品质量为前提，即混油的掺混量必须控制在质量潜力允许的指标范围内，汽油中掺柴油主要控制汽油的终馏点(干点)，柴油中掺汽油主要控制柴油的闪点，两种汽油主要控制其辛烷值。

另一种处理方法是采用混油处理装置(拔头)对混油进行回炼，重新分离出汽油和柴油。

4. 编制混油处理装置启、停方案

成品油管道站场的工艺工程师要求能够编制混油处理装置的启停方案。

1）运行前检查

（1）加热炉。

① 炉体外观应无凹凸变形等异常现象；

② 炉体密封部位应严密，各紧固件无松动；

③ 炉管、保温层及辐射室和对流室弯头箱应无变形或其他异常情况；

④ 炉体各人孔、看火孔、防爆门等附件应完好并关闭；

⑤ 燃烧器应完好备用，各连接部位应无漏油、漏气现象，各调节部件动作灵活，火焰探测器镜片及其护罩应干净；

⑥ 烟道挡板开关应灵活并处于全开位置；

⑦ 燃料油系统的法兰和螺纹等连接处应不渗不漏，阀门开关应灵活；

⑧ 燃料油罐应按规定罐位储存燃料油；

⑨ 压力、温度、流量和液位等检测仪表应完好投用，指示准确；

⑩ 炉控系统应可靠、准确，无故障报警；

⑪ 氮气(蒸汽)灭火系统应完好、备用；

⑫ 燃料油系统应畅通。

（2）蒸汽锅炉。

① 检查锅炉本体、燃烧器和分汽缸等设备正常完好，表面清洁；

② 安全阀、排污阀、压力表和水位计等正常投用；

③ 仪表盘所有仪表、信号指示灯、操作开关及转换开关配备齐全，完整好用；

④ 供水、供汽和燃料油(气)系统畅通，水处理装置投入运行。

（3）机泵系统。

① 泵的出入口管线、阀门和平法兰等连接处应完好、无渗漏，泵冷却水、油管线应畅通无渗漏，地脚螺栓、接地线及其连接部分无松动；

② 泵及电动机轴承箱的润滑油液位应符合规定；

③ 机械密封应无渗漏；

④ 全开泵的入口阀门进行充泵，排气；

⑤ 沿规定的转向盘泵数圈，轻重一致，无卡紧现象；

⑥ 备用泵的入口阀全开，出口阀全关，处于热备状态。

（4）冷却水系统。

① 换热器、冷却水箱、冷却塔和冷却水循环泵等设备完好；

② 管线、阀门和法兰无渗漏，系统应畅通；

③ 液位计、流量计和温度计等仪表正常投用，打开冷却塔风机。

（5）油罐区。

① 阀门应完好，开关状态符合工艺要求；

② 液位计等仪表正常投用，信号正常、准确；

③ 呼吸阀、安全阀正常投用，人孔、透光孔封闭严密。

（6）混油处理工艺及控制系统。

① 分馏塔的液位在规定范围内；

② 压力、温度、流量和液位等检测仪表应正常投用，自动化控制系统工作正常；

③ 分馏塔、换热器和冷凝器等设备连接完好、无渗漏；

④ 调节阀正常投用无渗漏；

⑤ 管线、阀门和法兰无渗漏，保温层完好。

（7）供电系统。

① 变配电设施供电正常，发电机组正常备用；

② UPS 系统工作正常。

（8）辅助系统。

① 消防设施完好备用；

② 污水处理等辅助系统工作正常。

2）装置启动

（1）导通混油处理工艺进料流程，启动进料泵，向塔内进料；当分馏塔液位在规定范围内时，停进料泵；

（2）导通冷却循环水流程；启动循环水泵，开启冷却水风机，建立冷却水循环，检查冷却水补水系统正常；

（3）启动柴油泵，建立塔底循环；

（4）对于有蒸汽锅炉系统的混油处理装置，启动蒸汽锅炉系统，保证蒸汽压力不低于 0.8MPa；

（5）对于有热媒系统的混油处理装置，导通热媒系统，启动热媒循环泵；

（6）启动加热炉，建立系统温度场；

（7）当分馏塔液位低于规定值时，启动进料泵补料；

（8）当分馏塔塔顶温度达到规定值时，启动汽油泵，通过回流控制塔顶温度；当汽油回流罐液位达到高限时，如不能确认汽油合格，则将油品导入混油罐；化验分析合格后，进汽油罐；

（9）对于有蒸汽锅炉系统的混油处理装置，当塔底温度达到 95℃±5℃ 时，打开蒸汽阀门，向塔内少量注入蒸汽；当出炉温度达到规定值时，增大塔内蒸汽注入量，使蒸汽压力保持在规定范围内；同时启动进料泵，向塔内进料，打开不合格线，使不合格油品进入混油罐；

（10）当塔底温度达到规定值时，取柴油样化验，柴油闪点不小于 55℃ 时，柴油合格，导通柴油出装置流程，柴油进柴油罐，柴油进罐温度最高不超过 45℃；同时取汽油样化验，汽油干点不大于 205℃ 时，汽油合格，导通汽油出装置流程，汽油进汽油罐，汽油进罐温度最高不超过 40℃。

3）装置停运

（1）柴油出装置流程切换为内部循环或柴油经不合格线进混油罐流程；

（2）停锅炉、加热炉；

（3）保持油水分离罐液位满足回流需要，防止回流泵抽空；

（4）加热炉出炉温度降至规定值以下时方可停泵；

（5）停循环水系统，关闭冷却水塔风机；

（6）关闭罐的进、出口阀；

（7）切断泵机组动力电源；

（8）环境温度降至 0℃ 以下时，混油处理装置停运后应排空循环水管线和冷水池的水。

4）紧急停运

下列情况发生时应进行紧急停运处理：

（1）装置发生火灾事故；

（2）加热炉炉管烧穿，泄漏着火；

（3）泵机组发生故障无法运行，备用机组无法启动；

（4）水、电、汽、原料长时间中断；

（5）其他一些紧急情况应停运处理的。

5）紧急停运的方法

（1）紧急停加热炉，发生火灾时，启用氮气（蒸汽）灭火；

（2）停进料泵；

（3）冷却水泵、热媒泵、产品泵、冷却风机等适时停运。

6）故障分析及处理

混油处理装置常见的故障现象及处理方法见表 4-7-1。

表 4-7-1　混油处理装置常见故障现象及处理方法

故障现象	原因分析	处理方法
加热炉自动熄火	燃料油控制阀关闭，燃料油中断	迅速关断燃料油阀门，用雾化蒸汽(氮气)吹扫炉膛，查找造成熄火的原因，排除后再点火，严禁借炉膛温度点火，以免造成回火爆炸事故
	燃料油泵抽空或电机跳闸	
	燃料油液面过低或含水严重	
炉膛温度直线上升	进料泵(热媒泵)抽空或切换油泵失误	降温，严重时紧急停运
	控制阀卡死	控制阀改为复线，修复控制阀
仪表自动控制失灵	仪表、自动化存在故障	维修，自动改为手动控制
炉膛正压	对流室炉管积灰严重，抽力不足	适当调节烟道挡板，降低处理量；紧急停运，修复炉管
	烟道挡板开度过小	
	炉子负荷过大	
	炉管腐蚀穿孔	
分馏塔液位超限报警	进料量与出装置量不平衡	合理分配进料量与出装置量
	柴油泵损坏	及时切换备用泵，修理损坏泵
	液位计故障	现场监视液位并及时维修液位计
	混油进料泵故障	及时切换备用泵，修理损坏泵

第八节　站内工艺管网投产

站内工艺管网投产一般指预留管网投产和停用工艺管网再投产。在站内工艺管网投产过程中，站内工艺工程师主要负责方案编制和对投产实施监控工作。

一、站内工艺管网投产方案编制

(1) 进行前期调研，收集和整理有关的图纸、说明书等技术资料；
(2) 掌握投产项目的安全规程、操作规程；
(3) 编写投产方案；
(4) 报上级主管部门审批。

二、投产方案内容

(1) 投产方式；
(2) 投产组织结构及职能；
(3) 管理规定和制度；
(4) 投产实施步骤、要求和行为标准；
(5) 风险识别及预防措施；
(6) 应急处置；
(7) 记录。

三、投产方案实施

投产方案通过审批后方可实施，实施过程中要做到组织有序、执行到位，不得随意更改。若实施过程中发生问题，工艺工程师必须及时检查并处理，不能处理的应立即汇报上级部门。

第五章 站内管道及部件的管理

第一节 站内管道及部件的巡护

站内管道指输油气站内(含阀室)的工艺、伴热、换热、加剂、放空、排污、自用气等系统的管道。

部件指与管道相关的支撑、支架、卡箍以及防腐层和保温层等附属设施。

站内管道及部件的巡检内容主要包括：按巡检路线进行巡检；对检修后试运行、易发生故障及新设备、新工艺投运后进行的针对性巡检；在巡检过程中，对工艺参数和工况数据进行准确比对分析；通过对比分析，若发现异常工况，能准确查找原因并及时处理，严重问题应及时上报并提出处理意见；做好检查、处理记录。

一、巡检

(1) 每天一次进行站内管道及部件的巡检。

(2) 对站内所有设备、阀门、仪表以及附件进行检查。

(3) 检查站内地上工艺管网无锈蚀、变形等缺陷，表面漆、保温层完好，标识正确。

(4) 管道基墩、托架、绷绳稳固。

(5) 针对检修后试运设备、易发生故障及新设备、新工艺进行针对性巡检。

(6) 工艺运行参数控制在上级调度规定的范围内，无异常参数。

(7) 工艺流程符合调度令要求。

(8) 现场在用锁具类型(个人锁、部门锁)及被锁定设施状态符合要求。

(9) 站内管道及部件无油污、表面清洁卫生。

二、工艺参数与工况数据比对

(1) 掌握正常工艺参数和工况数据。

(2) 在无操作情况下，工艺参数和工况数据应为稳定值。

(3) 有操作情况下，工艺参数和工况数据将按照要求发生变化，一段时间后重新进入稳定状态。

三、异常工况处理

(1) 发现异常工况，认真查找原因并及时处理。

(2) 发现严重问题时，及时上报并提出处理建议。

(3) 做好检查、处理的相关记录。

第二节　站内管道及部件维护保养计划编制

预防性维护(维护保养)主要指基于设备供货商推荐的做法和周期进行的维护，目的是使设备处于最优状况。

一、工作要求

(1)根据规范要求，组织编制站内管道及部件维护保养计划。

(2)将编制好的计划报送主管部门进行审批。

(3)参与维护保养工器具的准备工作，参与实施并做好技术指导和现场管理。

(4)能发现实施过程中出现的问题，并进行处理或提出处理建议。

(5)完成资料收集、归档相关工作。

二、维护保养计划编制

(1)采用基于风险的检测(RBI)方法进行评价。

(2)每年根据风险评价结果编制维修保养计划。

(3)工作量较大的维护应在对管道输量影响最小的时候进行。

(4)对管道输量影响较大的维护工作，应保证在安全条件下进行，或者安排在上游单位、下游用户进行设备检修时进行。

(5)影响较小的维护应考虑与影响较大的维护工作同步进行。

(6)站内管道及部件进行定期及不定期的维护保养。

第三节　站内管道及部件检修计划编制

工艺工程师要组织做好站内管道及部件的检修工作，保证主要站内管道及部件正常运行。

一、检修工作内容

(1)按照要求组织编制站内管道及部件维(检)修计划。

(2)参与维检修方案的编制、审核。

(3)建立 ERP 工单、上报场站作业计划。

(4)对作业风险进行识别并提出处理意见。

(5)组织、指导维检修作业前的工艺流程准备工作。

(6)配合维检修作业，能发现作业中的问题并提出处理意见。

(7)对维检修作业过程与结果进行总结分析。

(8)完成资料收集、归档相关工作。

二、检修工作计划

在检修工作的编制过程中应考虑以下方面内容：

（1）检修工作尽量安排在上游单位、下游用户进行设备检修时进行。

（2）应考虑维护周期对系统输量、上游供油单位和下游用户的影响。

（3）还需要考虑新建、改扩建项目对输量的影响。

（4）考虑各项维修任务的优先顺序，制订时间计划。

第六章　工艺安全管理

第一节　站场 HAZOP 分析与实施

工艺安全管理，是通过对输油气工艺危害和风险的识别、分析、评价和处理，从而避免与输油气工艺相关的伤害和事故的管理流程。

一、工艺安全管理的要素

为实现安全生产，需要在整个其生产周期中，落实执行工艺安全管理系统。工艺安全管理基本要素构成了控制危害和防范工艺安全事故的一套完整的管理系统。其主要的要素是：

（1）健全工艺安全信息。

（2）进行工艺危害分析。

（3）建立操作规程。

（4）员工工艺知识培训。

（5）建立设备完整性程序。

（6）执行作业许可证制度。

（7）建立技术变更管理。

（8）投产前安全生产检查。

（9）承包商管理。

（10）建立应急预案与应急反应程序。

（11）工艺事故/事件管理。

（12）定期符合性审计。

工艺安全管理系统的核心要素是工艺危害分析，而 HAZOP 分析是工艺危害分析中工艺危害评估的一种方法。

二、站场工艺风险与可操作分析

工艺危险与可操作性分析，简称 HAZOP 分析。HAZOP 分析方法是英国化学工业公司于 1974 年开发的以系统工程为基础，针对化学装置的一种危险性评价方法。该方法也称为工艺安全分析。

HAZOP 分析是一种用于辨识设计缺陷、工艺过程危害及操作性问题的结构化分析方法，方法的本质就是通过系列的会议对工艺图纸和操作规程进行分析。在整个过程中，由各专业人员组成的分析组按规定的方式系统地研究每一个单元（即分析节点），分析偏离设计、工艺条件的偏差所导致的危险和可操作性的问题。

HAZOP 分析组分析每个工艺单元或操作步骤，识别出那些具有潜在危险的偏差，这些偏差通过引导词引出。使用引导词的一个目的就是为了保证对所有工艺参数的偏差都进行分析，并分析它们可能产生的原因、后果和已有的安全保护措施等，同时提出应该采取的安全保护措施。

HAZOP 分析的侧重点是工艺部分或操作步骤的各种具体值，其基本过程就是以引导词为引导，对过程中工艺状态（参数）可能出现的变化（偏差）加以分析，找出其可能导致的危害。

HAZOP 分析方法明显不同于其他分析方法，它是一个系统工程。由不同专业组成的分析组来完成。这种群体方式的主要优点在于能相互促进、开拓思路，这也是 HAZOP 分析的核心内容。

1. HAZOP 分析的目的

（1）根据统计资料，由于设计不良，将不安全因素带入生产中而造成的事故约占总事故的 25%。为此，在设计开始时就应注意消除系统的危险性，可以极大地提高企业生产的安全性和可靠性。

（2）危险与可操作性分析就是找出系统运行过程中工艺状态参数（如温度、压力、流量等）的变动以及操作、控制中可能出现的偏差或偏离，然后分析每一偏差产生的原因和造成的后果。

（3）查找工艺漏洞，提出安全措施或异常工况的控制方案，避免安全事故发生和控制对生产的影响。

（4）识别工艺生产或操作过程中存在的危害，识别不可接受的风险状况，其作用主要表现在以下两个方面：

① 尽可能将危险消灭在项目实施早期设计、操作程序和设备中的潜在危险，将项目中的危险尽可能消灭在项目实施的早期阶段。

在项目的基础设计阶段采用 HAZOP 分析，意味着能够识别基础设计中存在的问题，并能够在详细设计阶段得到纠正。这样做可以节省投资，因为装置建成后的修改比设计阶段的修改昂贵得多。

② 为操作指导提供有用的参考资料。HAZOP 分析为企业提供系统危险的程度，对工艺操作，提供满足法规要求的安全保障，可以确定需采取的措施，以消除或降低风险。根据统计数据，HAZOP 分析可以减少 29% 设计原因的事故和 6% 操作原因的事故。

2. HAZOP 分析的适用范围

HAZOP 分析是一种危险与可操作性的分析工具，最适用于在设计阶段后期对操作设施进行检查或者在现有设施做出变更时进行分析。

（1）纳入工作计划的新建、改建和扩建项目，应在初步设计完成之后、初步设计审查之前进行 HAZOP 分析，详细设计发生较大变化时，应进行补充 HAZOP 分析。对于初步设计阶段未进行 HAZOP 分析工作的项目，不得进行初步设计审查。

（2）在役站场的 HAZOP 分析，原则上每 5 年进行一次，站场发生与工艺有关的较大事故后应及时开展 HAZOP 分析，站场进行工艺变更之前，应根据实际情况开展 HAZOP 分析。

3. HAZOP 分析方法的特点

（1）从生产系统中的工艺参数入手，来分析系统中的偏差，运用引导词来分析因温度、压力和流量等状态参数的变化而引起的各种故障的原因、存在的危险以及采取的对策。

（2）HAZOP 分析所研究的状态参数是操作人员控制的指标，针对性强，利于提高安全操作能力。

（3）HAZOP 分析结果既可用于设计的评价，又可用于操作评价，还可用来编制、完善安全规程，作为可操作的安全教育材料。

（4）HAZOP 分析方法易于掌握，使用引导词进行分析，既可扩大思路，又可避免漫无边际地提出问题。

（5）不足之处。不能解决管理上的问题，只能定性地分析设备设施潜在的安全隐患，时间周期较长，须有较高的技术水平和工作经验。

4. HAZOP 分析术语

（1）分析节点。又称工艺单元，指具体确定边界的设备（如两设备之间的管线）单元，对单元内工艺参数的偏差进行分析。

（2）操作步骤。工艺过程的不连续动作，或者是由分析组分析的操作步骤。可能是手动和自动控制的操作，工艺过程每一步使用的偏差可能与连续过程不同。

（3）引导词。用于定性或定量设计工艺指标的简单词语，引导识别工艺过程的危险。

（4）工艺参数。是指与工艺过程有关的物理和化学特性，包括概念性的项目（如温度、压力及流量等），这些基础参数构成了工艺操作或者设计的内容。

（5）工艺指标。确定工艺装置如何按照要求进行操作而不发生偏差，即工艺过程的正常操作条件。

（6）偏差。分析组使用引导词系统地对每个分析节点的工艺参数（如流量、压力等）进行分析后发现的系列偏离工艺指标的情况；偏差的形式通常是"引导词+工艺参数"。

（7）原因。即发生偏差的原因。一旦找到发生偏差的原因，就意味着找到了解决偏差的方法和手段，这些原因可能是设备故障、人为失误、不可预料的工艺状态、外界干扰（如电源故障）等。

（8）后果。即偏差所造成的结果。后果分析是假定发生偏差时已有大的安全保护系统失效；不考虑那些细小的与安全无关的后果。

（9）安全措施。指设计的工程系统或调节控制系统，用以避免或减轻偏差发生时所造成的后果（如报警、联锁、操作等）。

（10）补充措施。修改设计、操作规程，或者进一步进行分析研究（如增加压力报警、改变操作步骤的顺序等）建议。

（11）SIS。安全仪表系统。保护工艺系统超限停止的自动化系统。

（12）SIL。SIL 安全完整性等级。是功能安全等级的一种划分，划分为 4 级，即 SIL1，SIL2，SIL3 和 SIL4。安全相关系统的 SIL 应该达到哪一级别是由风险分析得来的，即通过分析风险后果严重程度、风险暴露时间和频率、不能避开风险的概率及不期望事件发生概率这 4 个因素综合得出。级别越高要求其危险失效概率越低。

5. HAZOP 分析法

（1）节点划分。根据站场工艺设计，HAZOP 分析节点内容可以分为两类：

① 典型设备。包括设备本身及其附属和辅助设施，分析其在设计施工、操作运行等方面可能存在的潜在危险。如炉、罐、机泵、阀、过滤分离器、计量橇、调压橇等即为工艺站场典型设备。

② 工艺流程。包括流程本身及其涉及的设备设施,分析其可能存在的程序漏洞或设施操作使用缺陷。如正输流程、注入流程、分输流程等。在具体分析过程中,为了分析方便,以上两方面往往互有交叉。

(2)偏差辨识。偏差由引导词和参数构成。HAZOP 小组长引导成员为每一个节点确定需要考虑的参数,如注入流程应该考虑的参数包括压力、流量、温度等;基本的引导词和含义见表 6-1-1,与时间或顺序有关的附加引导词见表 6-1-2。

表 6-1-1 基本的引导词和含义

引导词	含 义
NO 或者 NOT	设计目的完全否定
MORE	定量增加
LESS	定量减少
AS WELL AS	定性修改增加
PART OF	定性修改减少
REVERSE	设计目的逻辑取反
OTHER THAN	完全替代

表 6-1-2 与时间或顺序有关的引导词

引导词	含 义
EARLY(超前)	相对于时钟时间
LATE(迟后)	相对于时钟时间
BEFORE(先)	相对于顺序或序列
AFTER(后)	相对于顺序或序列

将每一个参数与引导词列表里的引导词组合,排除没有意义的组合,保留有意义的组合,即为可能的偏差;此外,还应该明确每一个偏差的含义,如管线压力这一参数,与引导词中的 MORE(定量增加)相组合,得到"压力高"这一偏差,那么可以解释为输油气管线压力高于正常的工作压力。

(3)分析发生原因以及中间或最终后果。对每一项可预见的偏差,分析可能引发该偏差发生的原因,并预测在无保护措施的情况下,偏差会造成的后果。该步工作旨在全面分析和辨识工艺系统所有可能存在的偏差,发现工艺及操作中存在的问题,并便于找出风险的集中点。

(4)分析现有保护措施。对于辨识出的每一个偏差:明确为降低风险或避免危险事件发生所采取的措施;判断各个保护措施之间的相互关系。

(5)分析假定统计与确定。明确分析过程中所作的各种假定,包括统计得出的设备失效率、操作控制与人为干预因素。

(6)建议的提出与整理。确认 HAZOP 分析小组推荐的所有用 SIS(安全仪表系统)实现的风险降低措施;确定发生事故时,明确采用消减控制措施实现风险降低的方法。

6. HAZOP 分析原则

(1)HAZOP 分析工作尽量由所属各单位自主开展,由取得相应分析师资格的熟悉站场的技术人员组成分析小组来进行分析;

（2）在技术和人员条件不具备时，所属各单位可聘请专业技术机构开展 HAZOP 分析工作。

7. HAZOP 分析步骤

1）确定分析对象及目的

（1）确定分析的对象、目的和范围。

① 分析对象通常是由工艺装置或项目的负责人确定；

② 制订分析计划开展分析工作，并确定应当考虑到哪些危险后果。

（2）分析组的组成。

① HAZOP 分析组由 5~7 人组成；

② HAZOP 分析组包括负责人、记录员、工艺、设备、电气、仪表等工程师、安全管理人员及熟悉过程设计和操作的人员。

（3）资料准备。

最重要的资料是各种图纸，包括工艺流程图、平面布置图、安全排放原则、以前的安全报告、操作规程、作业指导书、维护指导手册、程序文件等。

2）实施分析

（1）将工艺图或操作程序划分为分析节点或操作步骤，然后，用引导词找出过程的危险。

（2）分析组对每个节点或操作步骤使用引导词进行分析，得到一系列的结果。

① 偏差的原因、后果、保护装置、建议措施；

② 需要更多的资料对偏差进行进一步的分析。

3）完成分析报告

（1）签署文件；

（2）编写分析报告；

（3）跟踪安全措施执行情况。

8. HAZOP 分析流程

是辨识系统及操作性问题可能对人员、设备造成的潜在风险，从而保证操作有效性的一套结构化、系统性的分析方法。分析流程如下。

1）定义

（1）定义范围和目标；

（2）定义职责；

（3）挑选评价小组。

2）准备

（1）评价计划；

（2）搜集数据；

（3）商定记录形式；

（4）预估评价时间；

（5）安排日程。

3）检查

（1）将系统分解成若干个部分；

（2）选择一个部件，并定义设计目的；

（3）对每一个单元用引导词识别偏差；

（4）识别后果和原因；

（5）识别是否存在重大问题；

（6）识别保护、探测和指示方法；

（7）识别可能的补救或减缓措施；

（8）确认；

（9）对系统的部件中的每一个单元重复以上步骤。

4）评价文件和后续措施

（1）记录检查内容；

（2）签署文件；

（3）完成评价报告；

（4）跟踪安全措施执行情况。

9. 编制 HAZOP 分析报告

1）HAZOP 分析的目的

（1）介绍项目背景、工作范围、遵循的标准规范等内容。

（2）分析的目的：

① 找出系统运行中工艺状态参数（如温度、压力、流量等）的变动以及操作、控制中出现的偏差或偏离，分析每一偏差产生的原因和造成的后果；

② 查找工艺漏洞，提出安全措施或异常工况的控制方案；

③ 识别工艺生产或操作过程中存在的危害，识别不可接受的风险状况。

2）HAZOP 分析的准备工作

（1）HAZOP 分析的依据的图纸和相关资料。工艺流程图（PFD）、管道和仪表流程图（P&ID）、设计基础、工艺控制说明、仪表控制逻辑图或因果图、总平面布置图等。

（2）HAZOP 分析的依据的流程。

3）工艺装置慨况介绍

（1）工艺装置简介；

（2）工艺流程说明。

4）HAZOP 分析介绍

（1）HAZOP 分析方法介绍；

（2）HAZOP 分析小组的组成，一般由组长、记录员、工艺工程师、设备工程师，电气工程师、仪表工程师、安全工程师和操作人员代表组成；

（3）HAZOP 分析的范围；

（4）HAZOP 分析时间和地点。

5）HAZOP 分析成果

（1）通过对工艺过程和操作进行检查，识别出系统中可能存在的设计缺陷、设备故障、操作过程中的人员失误等可能带来的安全影响；

（2）列出偏离正常工艺状态的偏差、导致偏差的原因、可能出现的后果；

（3）HAZOP 分析建议措施说明，针对偏差评估现有的工程和程序上的安全设施的适当性，提出建议和控制措施，从而减少事故发生的频率和后果；

（4）分析记录表；

（5）分析节点划分图。

6）附录

（1）HAZOP 记录表；分析记录包括所有的重要意见；

（2）HAZOP 分析建议汇总；

（3）会议所用图纸和相关资料清单。

10. 编制 HAZOP 分析报告的内容

（1）说明开展 HAZOP 分析的范围、所采用的分析方法、参与分析的小组成员及详细的分析记录等；

（2）编制分析报告时，主要结果包括潜在的危险情况，潜在的操作性问题，设计疏漏等主要有关问题；

（3）分析成果为各系统分析报告工作表，包括偏差、引导词、原因、后果等项目；除了电子版本的分析报告外，宜再保留至少 2 份书面的报告，一份保存在档案室，另一份供整改使用；

（4）被检单位利用 HAZOP 分析报告改进工艺系统的设计、改善操作方法及优化操作程序、维护程序、编制操作人员培训材料、编制或完善应急预案，它还是今后开展 HAZOP 分析复审的参考材料。

11. 落实 HAZOP 分析报告提出的建议措施

（1）HAZOP 分析报告提交后，被检单位要制订具体的计划，落实分析报告所提出的建议措施；

（2）被检单位应该在规定的时间内完成分析报告所提出的全部建议措施，可以将建议措施分成不同等级，优先的项宜在最短的时间内完成，如果在分析过程中，发现某项操作存在严重的危害，应立即整改；

（3）分析报告所提出的建议措施都应该加以落实，但有时候因为现场条件的限制，所提出的建议措施不能落实，或有更好的替代方案，出现这种情况时，需要进行评估，并有书面记录说明不落实原有建议措施的理由。

第二节　组织本专业安全生产检查

一、专业性检查

专业部门组织，根据生产、特殊设备存在的问题或专业工作安排进行的检查。通过检查，及时发现并解决输油气生产及安全的问题。

1. 检查前的准备工作

（1）确定检查的时间和人员，一般由专业工程师、生产站长、班组长等组成；

（2）检查人员的培训，专业性生产检查完全依靠检查人员的经验和判断能力，检查的结果直接受检查人员个人素质的影响，因此，要对参与检查的人员进行检查项目内容交底、检查技术标准和相关的培训和指导，达到检查行为标准的统一；

（3）确定被检查的班组及检查范围；

（4）检查前对接受检查的班组发出检查通知；

（5）编制专业检查表，检查表的内容主要是根据生产实际情况、节假日所关注的安全生产重点及上级提出的要求来决定。

2. 专业性检查方法

（1）常规检查法。检查人员到生产现场，通过感观或辅助工具、仪表等，对操作人员的行为、生产场所的环境条件、生产设备设施等进行的专业性检查，及时发现现场存在的不安全隐患并采取措施予以消除，纠正操作人员的不安全行为。

（2）检查表法。为使检查工作更加规范，将个人的行为对检查结果的影响减少到最小，通常采用检查表法。

检查表法是事先确定检查项目，并把检查项目加以剖析，列出各层次的检查要素，确定检查项目，并把检查项目按系统的组成顺序编制成表，以便进行检查或评审，这种表就叫检查表。

检查表是进行安全生产检查，发现生产技术问题、生产工况数据采集和数据分析，查明安全生产危险和隐患，监督各项安全生产规章制度的实施，及时识别生产过程中潜在的风险，发现事故隐患，及时制止违章行为的一个有力工具。检查表应列举需查明的生产数据采集和数据分析，所有可能导致事故的不安全因素，每个检查表均需注明检查时间、检查者、负责人等，以便分清责任。检查表的设计应做到系统、全面，检查项目应明确。

二、专业检查表的编制

1. 检查表的编制依据

（1）国家、地方的相关法律、法规、规范和标准、规章制度、标准及操作规程、体系文件的要求等；

（2）上级和单位领导的要求；

（3）国内外同行业、企业事故统计案例，经验教训，结合本企业的实际情况，有可能导致事故的危险因素。

2. 检查内容

专业检查表的内容主要是根据生产、特殊设备存在的问题或专业工作安排进行的检查，主要内容有：

（1）生产运行记录检查。

① 运行参数监控数据记录；

② 信息报送程序执行情况；

③ 调度令接收记录及执行情况；

④ 操作票执行情况；

⑤ 运行记录；

⑥ 接班日记。

（2）生产现场检查。

① 工艺管网、设施完好状态；

② 防腐、保温、伴热情况；

③ 管沟、阀井维护情况；

④ 设备设施工艺参数显示状态；

⑤ 罐区油管线、储罐伴热及卫生情况；

⑥ 储罐泡沫、喷淋冷却水管线完好状态；

⑦ 储罐液位计显示正确；

⑧ 清管器收发系统状态；

⑨ 问题、隐患整改情况；

⑩ 检查事故处理情况；

⑪ 员工执行劳动纪律情况。

3. 安全技能考核

(1) 本岗位风险识别及消减控制情况；

(2) 应急预案掌握及演练情况。

4. 生产技术考核

(1) 考核掌握站场工艺流程操作熟练程度；

(2) 考核站场设备性能；

(3) 操作规程、岗位作业指导书掌握情况；

(4)《输油调度条例》执行情况；

(5) 检查安全定值的执行情况；

(6) 检查分析、解决本岗位生产中出现的问题。

5. 专业性检查的实施

主要是对照标准、操作规程、程序文件，检查其执行情况，具体的方法有：

(1) 查看翻阅法。生产记录类，检查采用查看翻阅法，查看各种记录、输油设备设施运行数据。达到齐全、完整、无差错无漏记等良好标准。

(2) 现场巡视法。生产现场检查类，宜采用现场巡视法，巡视检查工艺管网完好无渗漏，查看设备、设施、管线卫生整洁，现场达到"三清四无五不漏"的完好标准等。

(3) 讨论沟通法。安全技能考核类宜采用讨论沟通法，了解员工能够按公司体系文件的规定进行本岗位潜在的风险识别和所指定的控制措施等，得到更为安全的工作方式。

(4) 询问听取法。适用于岗位生产技术考核，通过询问听取可检查异常情况的处理过程，能否消除事故隐患，能够处理生产异常情况，考核应对突发事故的处理能力等。

6. 检查结果的处理

(1) 表扬在检查中发现的工作亮点，及时推广技术创新等；

(2) 指出检查发现的问题；

(3) 提出改进意见和整改措施。

三、专业检查表的格式

专业检查表的格式一般采用表格的形式来描述，有序号、检查内容、检查方法及检查结果。

四、编制专业检查表应注意的问题

编制检查表力求系统完整，不漏掉任何的关键因素，因此，编制检查表应注意如下问题：

（1）检查表内容要重点突出，简繁适当，有启发性。

（2）检查表的项目、内容，应针对不同被检查对象有所侧重，分清各自职责内容。

（3）检查表的每项内容要定义明确，便于操作。

（4）检查表的项目、内容能随工艺的改造、设备的变动、环境的变化和生产异常情况的出现而不断修订、变更和完善。

（5）凡能导致事故的一切不安全因素都应列出，以确保各种不安全因素能及时被发现或消除。

（6）实施检查表应依据其适用范围，检查人员检查后应签字，对查出的问题要及时反馈到各相关部门并落实整改措施，做到责任明确。

五、应用检查表应注意的问题

（1）专业检查表与日常定期检查表要有区别。专业检查表应详细、突出专业设备安全参数的定量界限，而日常检查表尤其是岗位检查表应简明扼要，突出关键和重点部位。

（2）应用检查表实施检查时，应落实检查人员。可由站队领导、工艺工程师、安全工程师，检查后应签字，并提出处理意见备查。

（3）应用检查表检查，必须注意信息的反馈及整改。对查出的问题，凡是检查者当时能督促整改和解决的应立即解决，当时不能整改和解决的应进行反馈登记、汇总分析，提出问题清单列入计划安排解决。

（4）应用检查表检查，必须按编制的内容，逐项目、逐内容、逐点检查。有问必答，有点必检，按规定填写清楚。为系统分析及评价提供可靠准确的依据。检查表的格式和内容请参考表6-2-1。

表6-2-1　工艺专业检查表

检查内容		检查方法	检查结果
一运行记录	1. 生产运行记录	查看《运行记录》、《交接班日记》、输油设备设施运行情况及数据。记录齐全、完整、无差错无漏记，及时上载PPS系统	（1）表扬检查中发现的工作亮点及创新等； （2）指出检查中发现的问题，提出改进的措施
	2. 重要信息报送情况	询问、查看《运行记录》、《交接班日记》、日常汇报情况。有汇报有记录，达到重要信息报送及时准确，无差错	（1）表扬检查中发现的工作亮点及创新等； （2）指出检查中发现的问题，提出改进的措施
	3. 调度令接收记录及执行情况	（1）接收调度令是否注明调度令编号、接令人、发令人、发令时间； （2）执行调度令完毕后，是否及时将执行情况反馈给调度并记录	（1）表扬检查中发现的工作亮点及创新等； （2）指出检查中发现的问题，提出改进的措施
	4. 操作票执行情况	查阅操作票，检查操作票编号、操作时间、操作步骤、操作步骤确认等，值班长签字齐全	（1）表扬检查中发现的工作亮点及创新等； （2）指出检查中发现的问题，提出改进的措施

续表

检查内容		检查方法	检查结果
二、生产现场	1. 工艺管网设施完好情况	巡视检查工艺管网防腐、保温、伴热完好,工艺管沟、阀井无油污、杂物、积水。设备、设施、管线卫生整洁,现场达到"三清四无五不漏"的标准	(1) 表扬检查中发现的工作亮点及创新等; (2) 指出检查中发现的问题,提出改进的措施
	2. 设备设施工艺参数	查看现场、站控机的显示工艺参数指示正确	(1) 表扬检查中发现的工作亮点及创新等; (2) 指出检查中发现的问题,提出改进的措施
	3. 储油罐完好情况	巡视罐区干净整洁无杂草,罐体、浮舱清洁;罐顶无积水、积雪、油污和杂物;储罐泡沫、喷淋冷却水管线、储罐保温层、防护层无破损;伴热良好,机械呼吸阀、液压安全阀完好;储罐液位计显示正确	(1) 表扬检查中发现的工作亮点及创新等; (2) 指出检查中发现的问题,提出改进的措施
	4. 清管器收发系统	(1) 收发清管器装置完好,无渗漏; (2) 收发清管器装置的清管器通过指示器完好、指示正确; (3) 快开盲板各部件及连接处不松不旷,密封处不渗不漏	(1) 表扬检查中发现的工作亮点及创新等; (2) 指出检查中发现的问题,提出改进的措施
三、生产技术考核	1. 本岗位风险识别情况	能够按公司体系文件的规定进行本岗位潜在的风险进行识别,并知道现有所采取的控制措施	(1) 表扬检查中发现的工作亮点及创新等; (2) 指出检查中发现的问题,提出改进的措施
	2. 应急预案掌握及演练情况	查看站内突发事件现场处置预案演练记录,演练结束后有完整的事故预案演练记录,并进行了分析总结	(1) 表扬检查中发现的工作亮点及创新等; (2) 指出检查中发现的问题,提出改进的措施
	1. 本岗位风险识别情况	能够按公司体系文件的规定进行本岗位潜在的风险进行识别,并知道现有所采取的控制措施	(1) 表扬检查中发现的工作亮点及创新等; (2) 指出检查中发现的问题,提出改进的措施
	2. 应急预案掌握及演练情况	查看站内突发事件现场处置预案演练记录,演练结束后有完整的事故预案演练记录,并进行了分析总结	(1) 表扬检查中发现的工作亮点及创新等; (2) 指出检查中发现的问题,提出改进的措施
	3. 考核操作规程、岗位作业指导书掌握情况	(1) 询问考核操作员设备、设施、工艺系统的结构、性能、原理和操作要求; (2) 考核操作员操作规程、作业指导书、保护与控制参数等相关内容掌握情况	(1) 表扬检查中发现的工作亮点及创新等; (2) 指出检查中发现的问题,提出改进的措施

受检班组: 检查人: 检查负责人: 检查时间: 年 月 日

六、检查问题整原因分析及整改

(1) 提出检查中发现的问题及其危害。

(2) 对检查发现的问题项进行原因分析。

(3) 制订整改计划、措施,按整改计划、措施对问题项进行整改。

对于班组不能解决的问题,专业部门要编制书面原因说明并制订整改计划,上报站队主管领导审核批准后实施。专业检查后发现的问题要形成问题清单,逐项进行跟踪,直至问题关闭。

（4）被检班组或部门负责人对检查中发现的问题进行整改，并自检整改情况符合要求。

第三节　油气管道设施锁定管理

锁定管理是一个系统的工程，它的应用既可以从最简单的单体上锁开始，也可以深入地完成系统或成套设备整体锁定，防止安全事故发生，是一种风险控制的有效管理措施。

一、实施锁定管理的重要性

在管道输油气过程中，对设计及操作都有严格的操作规程和安全规程及国内外相关的技术标准，并有安全部门组织强制实施，然而生产和维护作业总是需要人为启停设备和操作控制系统，只要涉及人为干预，就可能发生误操作。

锁定管理是一种提高安全管理水平减少安全事故发生的有效手段，通过采取锁定措施，使用机械装置，在满足工艺要求的前提下，保持设备状态不变，防止因误动作和误操作而引起的人员伤害和设备损坏。

二、术语和定义

1. 个人锁

个人锁是指在进行检维修作业时，为了防止误操作导致原油、成品油、天然气和电能等意外泄漏，对可能产生危险的设施由作业人员自己进行锁定所用的锁具。

2. 部门锁

部门锁是指在生产运行过程中或多工种配合维（检）修作业中，为防止误操作导致的系统危险或造成的人员伤害、设备损毁，对停用的装置、设备、下游未投运的系统及需要锁定的设施进行锁定所用的锁具。

3. 锁定

锁定是指在检（维）修作业状态下，为了防止误操作导致原油、成品油、天然气和电能等意外泄漏，对一经操作就会产生危险的设备用个人锁进行上锁，以保护作业人员人身安全。

在生产运行过程中，为了保护工艺系统和设备的安全，对停用的装置设备、下游未投运的系统及需要上锁的阀门、电气开关进行上锁，通过对设备上锁及挂牌来固定设备停用（开启）位置状态，以至设备不会被误开（关）。

4. 锁吊牌

锁吊牌是指与锁具配套使用，表明锁具只能由专人上锁或解锁。内容为上锁或解锁人员姓名、所属部门、锁定预计完成时间等。

5. 个人锁领用牌

个人锁领用牌是指申请使用个人锁前，先申请并填写该牌，并将该牌挂在锁具管理板上。该牌为正反两面，正面为"个人锁领用牌"，背面为"领用人、领用时间、使用地点"。如图 6-3-1 所示。

6. 部门锁标示牌

部门锁标示牌是指申请使用部门锁时使用，正面为"部门锁及编号"，编号为阿拉伯数字，编号顺序依次为1，2，3……，背面为"锁定人、锁定时间、使用地点"，该牌挂于部门锁主用钥匙上，锁定完毕后一同放回锁具管理板上。图6-3-2所示。

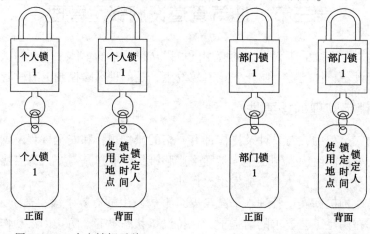

图6-3-1　个人锁标示牌　　　　　图6-3-2　部门锁标示牌

三、锁定管理内容

1. 部门锁锁定管理

1）部门锁锁定管理原则

在生产运行过程中，为了防止误操作，对已停用（开启）的设备及未投运的系统进行锁定。保证在不解锁状态下设施无法自动或人为开启（关闭）。

2）部门锁锁定情况判定及锁定要求

（1）部门锁锁定情况判定。

在生产运行过程中，各输油气单位生产部门、生产站长根据运行需要，确定需要锁定的部位，按规定报批。

（2）工艺系统、设备的部门锁锁定要求。

① 对正在检（维）修的系统、设备，当确认风险较大时，应对其上下游带压阀门进行锁定，锁定位置可以与个人锁的锁定位置一致；

② 对存在隐患停用或未投运的系统或设备，应对其上下游带压阀门或设备进行锁定；

③ 根据生产运行需要宜对停用的流程进行锁定，例如计量比对流程；

④ 当罐体的排污阀为单体阀门且阀门下游无盲板或堵头时，应对其排污阀进行锁定。

（3）上锁。

① 分公司生产部门根据运行需求指定需要进行锁定的设施，以书面通知形式下发至输油气站；

② 当站场计划对因隐患停用的设备或未投用的系统进行锁定时，需提交书面申请报告至生产部门，陈述进行锁定的必要性，经审核同意后执行；

③ 站场收到书面通知或批复报告后，站长或主管技术人员向值班人员说明锁定位置、数量并解释锁定的原因；

④ 值班人员填写《锁定操作票》，领取部门锁、钥匙、锁定用具及锁吊牌，在站长或主管技术人员监督下进行锁定；

⑤ 锁定完成后以书面形式向生产部门汇报。

（4）解锁。

① 分公司生产部门根据运行需要，以书面通知形式下发至输油气站场，站场按要求执行；

② 站场根据生产运行或作业情况，需要对使用部门锁进行锁定的设备进行解锁操作时，应提前以书面形式向分公司生产部门提交申请报告或在作业方案中明确，经生产部门审核同意后执行；

③ 应在主管技术人员监护下，拆除部门锁和锁吊牌；

④ 主管技术人员将部门锁钥匙和《锁定操作票》交值班人员进行解锁；

⑤ 如出现上锁人将钥匙丢失的情况，应向主管技术人员申请使用备用钥匙，并履行书面审批手续；

⑥ 站场值班人员收到部门锁、钥匙、锁定用具、锁吊牌及《锁定操作票》后应做记录，主管技术人员应及时将解锁情况书面反馈给生产部门。

（5）应急解锁。

① 应急解锁是指在紧急情况下，因生产运行或事故处理的紧急需要，需要提前解锁的工作，站长决定启动应急解锁程序；

② 决定启动应急解锁程序后，主管技术人员通知要解锁区域内所有人员即将解锁；

③ 开锁前，主管技术人员应确认设备的状态，在安全的情况下，立即拆除锁和锁吊牌并通知相关岗位值班人员；

④ 应急解锁后应将解锁情况书面反馈给生产部门。

2. 个人锁锁定管理

1）个人锁锁定管理原则

在检（维）修作业时，为了防止误操作，对工艺介质（包括原油、成品油、天然气、残液、高压高温蒸汽等）、电能的来源部位设备在安全状态下进行机械锁定，保证在不解锁状态下设备无法自动或人为操作。

2）锁定情况判定及锁定要求

（1）由生产站长组织技术员及参加作业人员对作业过程可能造成意外伤害的危险源进行识别，依据《作业安全分析管理规定》确定危险源及需要锁定的部位，并在作业方案中明确具体锁定方案。危险源包括转动设备、高压液体、易燃液体、高压气体、易燃气体、电气伤害等。

（2）锁定要求。

① 工艺管线系统检维修作业时，应对与检维修管线直接连接的上下游带压的阀门分别进行锁定；

② 压力容器检维修作业时，应对与作业压力容器进口、出口阀门及与其直接连接且上游带压的阀门分别进行锁定；

③ 放空、排污系统检维修作业时，应对与作业管段直接连接的上下游带压的放空、排污阀分别进行锁定；对于放空、排污系统与上游连接管线过多的情况可以考虑锁定与打盲板结合的方式；

④ 当需要锁定的阀门是电动阀门时，应将转换开关拨到停止位置并锁定，同时将手轮锁定。

（3）上锁。

① 参加作业人员应与熟悉现场的主管技术人员对作业过程可能造成意外伤害的危险源进行识别，确定危险源及需要锁定的部位，并在作业方案中明确具体锁定方案；

② 站长或主管技术人员组织相关人员依据锁定方案进行锁定，并指定作业监护人负责该项作业；

③ 作业监护人通知作业人员对预先确定的设备进行锁定，解释锁定的原因，说明锁定要求和方法；

④ 作业人员填写《锁定操作票》并向值班人员领取个人锁、钥匙、锁定用具及锁吊牌；

⑤ 作业监护人监督作业人员对设备逐一进行锁定和锁吊牌，作业人员将钥匙随身携带；

⑥ 根据作业需要，多名作业人员应对影响自身安全的同一部位各自锁定。

（4）解锁。

① 作业结束后，作业人员通知并得到监护人员许可后解锁；

② 在监护人监督下，由上锁人分别摘除锁和锁吊牌；

③ 作业人员将个人锁、钥匙、锁定用具、锁吊牌及《锁定操作票》交值班人员；

④ 如出现上锁人将钥匙丢失的情况，作业监护人应向站长或主管技术人员申请使用备用钥匙。

（5）应急解锁。

① 应急解锁是指在紧急情况下，因生产运行或事故处理的紧急需要，需要提前解锁的工作，由站长决定启动应急解锁程序；

② 启动应急解锁程序后，值班人员通知解锁区域内所有作业人员即将解锁；

③ 开锁前，值班人员应与上锁作业人员联系确定设备的状态；

④ 上锁作业人员退出工作状态后，在确认安全的情况下立即拆除锁和锁吊牌；

⑤ 值班人员记录应急解锁情况，并向上级主管部门汇报应急解锁情况。

3. 锁具的管理与维护

1）锁具管理

① 输油气站根据本站具体情况在运行岗位配备锁具、锁吊牌、锁挂板；

② 每把锁具均应编号，并将主用钥匙插在锁上；锁具的规格一致；锁具只能用于锁定，不应用于其他用途；

③ 每把锁具的主用钥匙应为唯一；作业结束后，锁具、锁吊牌、锁定用具及《锁定操作票》应一并交还值班人员；

④ 个人锁锁定情况记录到运行交接班日记中；部门锁锁定情况记录到设备技术档案中；

⑤ 值班人员负责建立并保管锁具动态管理台账，技术人员定期对锁具使用及备用情况进行检查，及时整改存在的问题，并记录在《锁具动态管理台账》；

⑥ 站长或技术人员负责保管备用钥匙。

2）日常维护

① 值班人员应每天检查被锁定的部位的牢靠性以及锁具和锁吊牌的完好性，锁吊牌上的书写内容应清晰；

② 值班人员应及时清理已上锁的各种锁具存在的锈蚀、污物；

③ 每班检查锁具齐全、完好；

④ 站长或主管技术人员应每月组织一次检查，确保锁定部位安全，锁具灵活、好用。

4. 锁定管理上锁挂牌的六步操作法

（1）辨识：上锁挂牌前，辨识所有危险能量和物料的来源；

（2）隔离：对辨识出的危险能量明确隔离点和类型；

（3）上锁挂牌：根据隔离清单选择合适的锁具和标牌；

（4）确认：清除现场危险物品，危险源已被隔离并沟通；

（5）实施作业：

确认危险源已被安全隔离和有效沟通后，实施作业。

（6）开锁并进行通知沟通：

作业结束后和相关人员和岗位进行通知沟通后，开锁。

5. 锁定管理的培训

各专业应组织锁定管理培训，培训内容包括：

（1）锁的类型和目的；

（2）锁定目的；

（3）如何识别有危害的能源；

（4）隔离控制能源的方法；

（5）设备意外通电的危害；

（6）设备误操作的危害。

第四节　站内作业现场安全管理

作业现场是由人物和环境所构成的一个生产场所，它实际上也是一个"人工环境"。在这个人工环境里，有生产用的各种设备装置、原材物料、各类工具和其他杂物，还有作为设备动力源的电、燃油、液压油、蒸汽等。作业现场的安全管理要从 3 个方面着手，即对人的不安全行为、物的不安全状态管理及对作业环境条件的调整和治理。

一、对人不安全行为的管理

人的安全行为，是在大量生产实践中，从事故发生和损失的教训中不断总结出来的行为规律，并用这种认识制订操作规程和劳动纪律，随着人们对生产技术掌握程度的不断提高，对事故规律的不断研究，将不断完善这种认识，并不断完善操作规程和劳动纪律。

1. 人的不安全行为分类

人的不安全行为分为有意识不安全行为和无意识不安全行为两大类。

1）有意识不安全行为分析

意识是人心理活动的最高形式，人的行为的自觉性、目的性以及评价、调节和自我控制能力等都具有意识的基本特征，有意识不安全行为是指行为者为追求行为后果价值对行为的性质及其行为风险具有一定思想认识的基础上，表现出来的不安全行为，也就是说有意识不安全行为是在有意识的冒险动机支配之下产生的行为，有意识不安全行为动机有两个原因：

（1）对行为后果价值过分追求的动力和对自己行为能力的盲目自信，造成行为风险估量的错误；

（2）由于个人安全文化素质较低，缺乏安全行为的自觉性，使之行为者的不安全行为动机不能得到有效的校正。

2）无意识不安全行为分析

（1）无意识不安全行为是指行为者在行为时不知道行为的危险性，或者没有掌握该项作业的安全技术，不能正确地进行安全操作；

（2）行为者由于外界的干扰（如违章指挥等），而采用错误的违章违纪作业；

（3）行为者自身出现的生理及心理状况恶化（例如疾病、疲劳、情绪波动等）破坏了其正常行为的能力而出现危险性操作等，显然无意识不安全行为属于人的失误。

2. 人不安全行为的几种类型

（1）安全知识匮乏型。此类人员因参加工作时间短、缺乏系统的安全培训，安全生产知识不足。

（2）明知故犯型。此类人员尽管受过系统的安全培训，掌握了基本的安全生产知识，但忙于完成任务，而不按规章制度作业。

（3）生活困扰型。此类人员由于生活困难、家庭不和谐等，工作心不在焉，往往容易发生事故。

（4）身体不良型。此类人员身患心脏病、糖尿病、脑血管病等疾病，带病上岗。

（5）思想麻痹型。此类人员总认为自己工作多年了，干惯了，习惯了，存在麻痹大意思想。

（6）违章蛮干型。此类人员工作不按制度、规程行事，违章蛮干，这是导致事故发生的主要原因。

（7）经验工作型。此类人员日常工作凭经验、想当然，不按科学规律办事。

（8）故意抵触型。此类人员因与领导干部、班组长、安全监管人员意见不一致，感情不和、而明知故犯，故意蛮干，违章操作。

（9）胆大妄为型。此类人员性格粗放，明知有隐患、有危险，但仍贸然行事。

（10）违章指挥型。有的领导干部、班组长为了完成当班上级交给的生产任务，不落实相关安全制度，不排查安全隐患等，强令工人违章作业。

上述现象极易导致事故。因此，规范员工安全行为已成为当务之急，针对目前部分员工存在的不安全行为，要因势利导、实施控制，实现人、机、环、管的有机统一。

3. 人不安全行为的具体表现

人的不安全行为导致在生产过程中发生的各类事故，其具体表现有：

（1）操作失误，忽视安全，忽视警告。

① 未经允许而开动、关停或移动设备；

② 开动或关停设备时未给信号；

③ 开关未锁定，造成意外转动、通电或泄漏等；

④ 在机器运转时进行加油、修理、检查、调整、焊接、清扫等工作；

⑤ 忘记关闭设备，任意开动处于查封状态或非本工种的设备；

⑥ 操作失误，超限使用设备、酒后作业、作业时有分散注意力的行为；

⑦ 禁火区擅自动用明火或抽烟，非特种作业者从事特种作业等。

（2）用手代替工具进行操作。

① 作手代替手动工具操作；

② 用手切削；

③ 用手拿住工件进行机加工，而不用夹具进行固定。

（3）冒险进入危险场所。

① 冒险进入受限空间、地坑、压力容器及半封闭场所等；

② 接近或接触无安全措施的设备的旋转部位；

③ 未经安全监察人员允许进入油罐、容器或井中；

④ 在起吊物下作业或停留；

⑤ 在绞车道或行车道上行走；

⑥ 非岗位人员任意在危险及要害区域内逗留。

（4）攀、坐不安全位置。

主要是指攀、坐平台护栏、汽车挡板、吊车吊钩等不安全位置。

（5）未正确使用个人防护用品。

① 个人防护用品该穿的不穿，如电工作业不穿绝缘鞋，电焊作业不穿工作服；

② 该戴的不戴，如高处作业不戴安全带、安全帽，在有颗粒飞溅的场合不戴护目镜，使用电动工具时不戴绝缘手套；

（6）物品储存摆放不当，特别是对易燃、易爆危险品和有毒物品储存处理不当。

4. 控制人的不安全行为的途径

人的不安全行为是无法完全消灭的，可通过规范人的行为方式，最大限度地减少人的不安全行为。

（1）开展安全教育，从事故中吸取教训，提高安全技术素质；

（2）结合作业现场的具体情况进行技术培训，提高技术水平；

（3）严格执行法律法规、标准、规章制度和规程，规范其安全行为；

（4）针对容易发生事故的重点部位作出具体明确的规定；

（5）合理组织施工作业，使作业人员劳逸结合，精力充沛，避免疲劳作业。

二、物的不安全状态的管理

物的不安全状态是指可能导致人员伤害或财产损失（设备、设施和环境）的状态。

物的不安全状态分为：防护、保险、信号等装置及个人防护用品与用具缺少或有缺陷；设备、设施、工具和附件有缺陷；管理无制度、无措施等缺陷；生产（施工）场地环境不良等4大类。

1. 物的不安全状态4大种类

（1）防护、保险、信号等装置缺乏或有缺陷。

① 无防护。

a. 无防护罩；

b. 无安全保险装置；

c. 无报警装置；

d. 无安全标志；

e. 无护栏或护栏损坏；

f.（电气）未接地；

g. 绝缘不良；

h. 设备无消音系统、噪声大；

i. 危险场所内作业。

② 防护不当。

a. 防护罩未在适当位置；

b. 防护装置调整不当；

c. 防爆装置失效；

d. 作业安全距离不够；

e. 作业场所有缺陷；

f. 电气装置带电部分裸露。

（2）设备、设施、工具、附件有缺陷。

①设计不当，结构不合安全要求；

②安全通道门阻塞；

③制动装置有缺陷；

④安全间距不够；

⑤设备带"病"运转；

⑥设备超负荷运转；

⑦设备维修、调整不良。

（3）个人防护用品用具缺少或有缺陷。

安全帽、防护眼镜、防护面罩、呼吸防护器、防噪声用具、皮肤防护用品等缺少或缺陷。

（4）生产（施工）场地环境不良。

① 照明光线不良。

a. 照度不足或过强；

b. 作业场地烟雾尘弥漫视物不清；

c. 通风不良或无通风。

② 作业场所缺陷。

a. 作业场所狭窄；

b. 作业场地杂乱；

c. 作业场所未开"安全道"；

d. 工具、制品、材料堆放不安全。

③ 交通道路配置不安全。

a. 作业工序设计或配置不安全；

b. 地面滑、有油或其他易滑物；

c. 地面冰雪覆盖；

④ 危化品贮存方法不安全；

⑤ 环境温度、湿度不当。

2. 消除物的不安全状态的措施

（1）采用新技术、新工艺、新设备，改善劳动条件；

（2）采用安全防护装置，隔离危险部位；

（3）作业人员配备必要的个人防护用品；

（4）利用检查表及时发现不安全隐患并进行整改；

（5）按施工方案施工，落实各项安全技术措施。

三、施工作业安全管理

1. 站场施工作业安全准备

（1）危害告知：施工作业之前，进行危害识别和风险评估，让作业人员熟知岗位风险，作业人员掌握现场标准化和安全管理要求；

（2）对施工项目所有管理及作业人员须经过站队的安全教育，并持证上岗；未经教育培训或者考核不合格的人员，不得上岗作业；

（3）作业人员必须穿戴劳动防护用品；

（4）安全技术交底：技术人员针对作业特点向施工班组作业人员进行安全技术交底，让施工作业人员掌握控制措施和方法，防止事故发生；

（5）进入现场的施工机械、材料和设备必须按指定位置摆放，符合安全、文明施工要求；

（6）施工现场的沟、坑槽应设围栏、盖板，现场的孔洞、建筑物、临边、高处作业区、吊装作业区等应设置警戒区，并有醒目的安全标志；

（7）施工作业之前，提出作业申请，办理作业许可，各项安全措施已落实，作业许可证审批后方可施工。

2. 作业现场风险识别、评价与制订控制措施

1）作业现场风险识别

（1）作业现场风险识别、评价是作业许可审批的基本条件，应在生产区域或作业区域技术人员的指导下进行；

（2）申请人对申请的作业进行作业现场风险识别与评价，进行作业安全分析；

（3）对于一份作业许可证下的多种类型作业，考虑作业类型、作业内容、交叉作业界面、工作时间等各方面因素，统一完成风险评估。

2）作业现场风险评价

根据现场的风险识别，采用矩阵法或 LEC 法进行风险评价，确定危害等级，制订控制措施，将危害降低到可承受的程度。

3）制订控制措施

（1）作业单位应根据评价出的危害等级，制订控制措施并严格执行；进行系统隔离、吹扫、置换，交叉作业时需考虑区域隔离；

（2）对可能存在缺氧、富氧、有毒有害气体、易燃易爆气体、粉尘的作业环境，都应进行气体检测，填写气体检测记录，注明气体检测的时间和检测结果并确认检测结果合格；

（3）凡是涉及有毒有害、易燃易爆作业场所的作业，应按照相应要求配备个人防护装备，并监督相关人员佩戴齐全，执行《劳动防护用品使用及管理规定》。

3. 作业许可的书面审查与现场核查

（1）书面审查。在收到申请人的作业许可申请后，工程技术人员应组织申请人、生产（作业）区域负责人和作业涉及相关方人员，集中对许可证中提出的安全措施、工作方法进行书面审查，并记录审查结论。审查内容包括：

① 确认作业的详细内容；

② 确认所有的相关支持文件，包括风险评估、作业计划书、作业区域相关示意图、作业人员资质证书等；

③ 确认安全作业所涉及的其他相关规范遵循情况；

④ 确认作业前、作业后应采取的所有安全措施，包括应急措施；

⑤ 分析、评估周围环境或相邻工作区域间的相互影响，并确认安全措施；

⑥ 确认许可证期限及延期次数。

（2）现场核查。书面审查通过后，工程技术人员组织参加书面审查的人员到许可证上所涉及的工作区域实地检查，确认各项安全措施的落实情况。现场确认内容包括但不限于：

① 与作业有关的设备、工具、材料等；

② 现场作业人员资质及能力情况；

③ 系统隔离、置换、吹扫、检测情况；

④ 个人防护装备的配备情况；

⑤ 安全消防设施的配备，应急措施的落实情况；

⑥ 培训、沟通情况；

⑦ 作业计划书或风险管理单中提出的其他安全措施落实情况；

⑧ 确认安全设施的提供方，并确认安全设施的完好性。

4. 作业许可的执行与监督

（1）作业的执行人员须经过安全与技能的教育培训；特种作业人员必须持国家及地方政府有关部门颁发的特种作业证书；

（2）作业过程中必须有安全监督人员进行现场监控，监控的主要内容包括：作业细节是否符合规定文件要求；作业许可证是否按规定填写、批准、签发，并且在有效期内；

（3）在作业过程中出现异常情况，应立即停止作业，并通知现场安全监督人员，由安全监督人员和现场作业负责人决定是否采取变更程序或应急措施。

第七章　站场工程项目管理

第一节　项目建议书编制

项目管理(简称 PM)就是项目的管理者在有限的资源约束下,运用系统的观点、方法和理论,对项目涉及的全部工作进行有效地管理。即从项目的投资决策开始到项目结束的全过程进行计划、组织、指挥、协调、控制和评价,以实现项目的目标。

管道公司管理的工程项目主要分为固定资产投资和修理项目投资两大类,修理项目投资包括管道公司投资的大修理项目和各分公司负责的专项维修项目。

一、项目定义

固定资产投资:又称为资本化支出,对资产主体或主要部分进行更新,或为提高使用效率对资产进行改(扩)建所发生的投资;该类项目完成后需要进行转资,在财务账面上形成资产。

修理项目投资:又称为费用化支出,对达到一定使用年限的资产项目按照技术规程规定,或经评价确认需要进行修理,为保证资产安全生产平稳运行所发生的投资。

修理项目投资分大项目修理[20 万元以上(含)]、公司专项维修支出、抢险维修费、日常维修费等。日常维修费又分为专项维修[20 万元以下 2 万元以上(含)]和零星维修费(2 万元以下维修)。

维修费的范围包括:房屋建筑物维修、管网维修、热力设施维修、电力设施维修、储油罐设施维修、机电设备维修、车辆维修、办公设备维修和其他设备设施维修,以及管道运行的通球、清管、内外检测、管道巡线及抢修、反打孔、水工保护、防震、防雷、防汛、抢险等。

二、项目前期工作

1. 项目征集(项目提出)

项目征集分为 3 种情况:固定资产投资和大修理项目征集、专项维修项目征集以及补充项目。

(1)固定资产投资和大修理项目征集:一般分公司每年 12 月向各单位下达征集第三年度固定资产、大修理项目的通知。

(2)专项维修项目征集:由于为分公司控制项目,一般由分公司按实际情况分批次征集。

(3)补充项目:是相对于分公司批次下达专项维修项目而言,主要是针对分公司尚未征集专项维修计划,而生产生活急需必须开展的项目。

2. 项目前期工作

固定资产投资、大修理项目需开展前期工作，项目前期工作计划一般在每年的 6 月下达。项目前期工作计划下达后，分公司相关项目管理部门应组织开展项目委托设计、方案编制等工作，并于当年 12 月底前将按管理权限审批过的设计方案等相关资料交经营计划科进行预算编制或概算初审等。

三、项目建议书的编制及要求

所有大修及专项维修项目开展前应编制项目建议书，管道公司或分公司根据项目建议书内容对项目进行审查批复；项目批复后，项目管理单位方可实施工程。

项目建议书编制内容及要求见项目建议书模板。

项目建议书模板

项目名称

一、建设理由

项目立项理由要充分，必须要立项依据。必须写明立项所依据的国家或企业的有关标准、规范或相关技术、检测报告、公司相关职能部门批复文件或者地方政府文件等支持文件的条目、数据或文号，并对照规程、标准、文件中的相关要求，结合实际情况阐述立项理由。立项依据应提供电子版作为项目建议书附件。

二、项目属性

项目属性包括站场项目、管道项目、矿区托管项目、其他项目四类，安全环保隐患项目在括号中单独注明。项目建议书中应说明该项目的属性。

三、工程概况及工程量

描述本次项目需维修的内容及方式；项目建议书中方案要可行，工程量要求必须准确，并须附能说明情况的现场图片。

四、投资概算

用表格列出每项工程量所需费用。

五、效益估算

初步预测该项目实施后将收到的效益。

六、结论意见(项目可行性及实施计划安排)

在项目实施计划安排中应明确具体的计划开工日期及完工日期。

第二节　技术方案编制

根据上级部门下达的项目前期工作计划，组织(或委托)进行技术方案或初步设计及相关技术规格书的编制工作。

技术方案至少应包括以下内容：

(1) 工程概况、主要工程量及技术经济指标。

(2) 编制工程技术方案的依据和原则，详细列出方案编制依据的标准、规范、管理办法和规定等，要求全面详细、有据可查。

（3）工程技术方案的基础数据和工艺、热力、电力等参数的计算成果。

（4）主要设备选型、方案设计总图、工作原理和流程示意图、控制原理图、主要部件图等。

（5）消防、安全配置与环保。

（6）施工内容及质量、安全技术要求。

（7）QHSE 风险分析及防控措施。

（8）投资估算及分析。

（9）工程实施进度与安排等。

第三节　项目实施准备

项目实施前应按照体系文件要求进行选商、签订合同、编制施工方案并通过审查，现场条件具备后，施工承包商编制开工报告，经相关部门同意后方可开工。

一、选商

所有项目选商必须从公司市场准入企业中选择。目前，市场准入分两级管理：分公司级、管道公司级。在《承包方市场准入管理规定》中规定"输油气单位所有工程技术及其他服务项目均应优先选择在公司办理了准入的承包方。项目金额 20 万以下，在公司准入企业范围内选择承包方确有困难的，可在本单位审批准入的承包方中选择"。

所有项目选商前首先应对项目进行风险评估，根据评估结果确定承包方 HSE 管理各个环节。如为中高风险项目，必须进行《承包方 HSE 资格预审问卷》调查，以及在承包方选择过程中要明确承包方的 HSE 职责以及对承包方进行开工前准备、作业过程的 HSE 管理等。

根据目前管理实际，项目可分以下 4 类项目选商：

（1）必须招标项目（招标项目/可不招标项目）。严格按《招标管理程序》规定组织招标或者进行可不招标项目的谈判、询价等，并按管理权限履行审批手续。

（2）20 万元（含）以上不需招标项目。可通过招标、谈判、询价等进行选商，结果报招标领导小组审批。

（3）20 万元以下定额预算项目。直接选商。

（4）20 万元以下非定额预算（计时工、核销材料或没有定额可用）项目。由项目管理部门组织各部门进行谈判，并编制谈判总结，谈判结果报分管领导审批。

二、合同签订

按照合同管理要求进行合同签订工作。

三、施工方案的报审

对于固定资产投资、大修理项目的施工方案/组织设计，通过施工组织设计（方案）报审表报批；专项维修项目可根据实际情况对施工方案进行简化。施工方案审批结束后需报计划科备案。HSE 作业计划书是对施工方案风险管理方面内容的补充，要随施工方案一同编制，作业周期（不超过 3 个工作日）、作业场所相对固定的作业活动（如生产辅助性作业、设备设施临时性维检修等），可将风险削减及控制措施纳入施工方案等相关文件中，不再单独编制。

1. 施工方案审查内容

对于有正规初步设计的工程项目，其审查按初步设计审查内容和要求进行。其他工程项目技术方案审查的主要内容有：

（1）是否符合相关规程和标准；

（2）是否满足生产实际需要；

（3）方案是否合理，是否有多方案对比；

（4）流程示意图、电气原理图、主要部件图等是否合理；

（5）主要设备、材料选型、重要部件结构是否合理；

（6）HSE 等方面是否符合要求等。

2. 施工方案审查要求

管道公司对于不同计划投资额的工程项目，审查部门及要求有所不同。

（1）计划投资额 50 万元及以下工程项目。该类工程技术方案由各输油气单位自行组织审查，并形成审查意见。

（2）计划投资额 50 万元至 100 万元工程项目。该类工程技术方案由各输油气单位组织审查，形成审查意见，报公司生产处备案。

公司生产处在接到各输油气单位上报备案的审查意见后，如发现问题，应在 5 个工作日内反馈书面意见，否则可视为认同。

（3）计划投资额 100 万元及以上工程项目。该类工程项目技术方案由各输油气单位报公司相关处室审查；审查后，形成书面审查意见，反馈给方案编制部门，进行修改、完善，然后报生产处备案。

四、编制开工报告

承包方确认现场可以开始施工后，编制上报开工报告，由各输油气单位的项目主管单位组织安全科和计划科的相关人员对施工现场准备情况、施工方案、作业计划书、开工报告进行检查。在现场运行条件允许的情况下，开工报告经过主管经理审核通过后，方可开始施工。

在工程项目正式施工前，项目主管单位应组织设计单位、承包单位、监理单位和建设单位的相关人员在施工现场召开技术交底会议。会议内容应包括工程技术要求、风险识别及消减措施、现场 HSE 管理要求、工期安排、资料管理要求等相关内容。

第四节　项目现场管理

工程项目实施过程中，项目管理单位应按照体系文件要求加强现场监督管理，确保项目保质保量按时完成。

一、HSE 管理要求

工程项目实施过程中的环境保护执行《工程施工作业环境保护管理规定》，HSE 管理参照执行《建设项目工程实施过程 HSE 管理规定》的相关内容；对承包方和监理工作进行有效监督管理，执行《承包方 HSE 管理规定》。

属于作业许可管理范畴的工程施工应执行《作业许可管理程序》及相关的挖掘作业、高处作业、管线打开、动火作业、临时用电、进入受限空间作业等安全管理规定。

工程项目施工现场应执行《油气管道设施锁定管理规定》。

输油气站的站长、安全员和技术员应熟悉工程项目的 HSE 要求，加强现场的 HSE 管理，每 24 小时至少到现场进行一次 HSE 检查，发现问题后及时反馈给项目主管单位和项目实施单位，并督促现场整改。

安全科或项目管理单位不定期对施工现场进行检查，并填写表 7-4-1 作业现场 HSE 检查清单。

表 7-4-1 作业现场 HSE 检查清单

序 号	项 目	是	否	不适用	评论
Ⅰ. 场所整理					
1.1	工作现场整洁				
1.2	材料存放正确				
1.3	工作面清洁				
1.4	逃生通道畅通				
1.5	有禁止吸烟标志				
1.6	定期清理垃圾				
1.7	材料不会坠落				
1.8	木板上没有铁钉				
1.9	足够照明				
1.10	健康的工作场所和环境				
场所整理（分数）		糟糕　　　　　　　　很好　　1 2 3 4 5 6 7 8 9 10			
Ⅱ. 个人防护用品（PPE）					
2.1	使用安全帽				
2.2	穿工鞋				
2.3	是否有使用听力保护				
2.4	眼睛保护—安全眼镜				
2.5	手套和工衣				
2.6	个人防护用品检查程序				
2.7	正确穿工衣				
2.8	是否使用呼吸器				
2.9	呼吸器的试用				
2.10	呼吸器干净，存放正确				
2.11	呼吸器个人专用				
2.12	高于 2m 需要安全带				

序　号	项　　目	是	否	不适用	评论
个人防护用品（PPE）（分数）			糟糕　　　　　很好 1 2 3 4 5 6 7 8 9 10		
Ⅲ. 防火和消防					
3.1	有合适的灭火器供使用				
3.2	灭火器有检查，有挂牌				
3.3	员工接受过消防培训				
3.4	木质材料堆放合理				
3.5	易燃物的存储合理				
3.6	有动火作业许可并很好地遵守				
防火和消防（分数）			糟糕　　　　　很好 1 2 3 4 5 6 7 8 9 10		
Ⅳ. 标志、信号和隔离					
4.1	对隐患进行隔离				
4.2	隐患正确标记				
4.3	不安全的工具有标签				
标志、信号和隔离（分数）			糟糕　　　　　很好 1 2 3 4 5 6 7 8 9 10		
Ⅴ. 隐患沟通/危险品信息					
5.1	有书面的程序				
5.2	危险化学品清单				
5.3	有 MSDS 文件				
5.4	化学品有恰当的标签				
隐患沟通/危险品信息（分数）			糟糕　　　　　很好 1 2 3 4 5 6 7 8 9 10		
Ⅵ. 危险品（废弃物、石棉、放射性物品、爆炸品）					
6.1	具体现场健康安全计划				
6.2	员工接受过培训、有证书				
危险品（分数）			糟糕　　　　　很好 1 2 3 4 5 6 7 8 9 10		
Ⅶ. 手动和电动工具					
7.1	定期检查设备				
7.2	损害的设备立即处理				
7.3	接地正常				
7.4	在湿润的、屋外的或者有金属的地点使用漏电保护器				
7.5	工具上的开关正常				
7.6	不使用的工具是否摆放到位				

续表

序　号	项　　目	是	否	不适用	评论
7.7	双层绝缘				
7.8	有保护装置				
7.9	定期检查设备				
手动和电动工具(分数)			糟糕　　　　　　很好 1 2 3 4 5 6 7 8 9 10		
Ⅷ. 用电安全					
8.1	是否采取措施预防高空的电线				
8.2	临时照明有保护				
8.3	在电路附近使用非金属梯子				
8.4	有用电安全标志				
8.5	安全帽不能导电				
8.6	检查电线是否有损坏				
用电安全(分数)			糟糕　　　　　　很好 1 2 3 4 5 6 7 8 9 10		
Ⅸ. 焊接、切割和打磨					
9.1	管线没有泄漏和损坏				
9.2	使用前检查了接地				
9.3	焊工穿长袖的工作服				
9.4	使用了面罩和护目镜				
9.5	焊接区域有隔离和保护				
9.6	有看火人，有灭火器				
9.7	焊接区域没有火灾隐患				
9.8	气割枪的点燃使用专用点火设备				
焊接、切割和打磨(分数)			糟糕　　　　　　很好 1 2 3 4 5 6 7 8 9 10		
Ⅹ. 压缩气体					
10.1	压缩气瓶有固定				
10.2	氧气和乙炔气瓶分开存放				
10.3	气瓶上有气体的名称				
10.4	在不用或者运输过程中都戴上阀帽				
10.5	气割枪上有回火阻火器				
压缩气体(分数)			糟糕　　　　　　很好 1 2 3 4 5 6 7 8 9 10		
Ⅺ. 受限空间					
11.1	遵守工作许可				
11.2	有气体探测				
11.3	有通风				

续表

序　号	项　　目	是	否	不适用	评论
11.4	使用呼吸保护				
11.5	使用安全带、安全绳和起吊设备				

受限空间(分数)		糟糕　　　　　　　很好
		1 2 3 4 5 6 7 8 9 10

XII. 梯子

序号	项目	是	否	不适用	评论
12.1	适合使用				
12.2	梯脚不能滑				
12.3	梯子固定				
12.4	梯子足够长				
12.5	比例为 1：4				
12.6	梯子的检查				

梯子(分数)		糟糕　　　　　　　很好
		1 2 3 4 5 6 7 8 9 10

XIII. 脚手架

序号	项目	是	否	不适用	评论
13.1	有栏杆和踢脚板				
13.2	正确固定脚手架				
13.3	踏板安装规整				
13.4	踏板固定				
13.5	脚手架周围隔离				

脚手架(分数)		糟糕　　　　　　　很好
		1 2 3 4 5 6 7 8 9 10

XIV. 动土作业

序号	项目	是	否	不适用	评论
14.1	现场有能够胜任的人员				
14.2	对人员有保护				
14.3	材料离边沿至少 0.6m				
14.4	地下的设施有标记				
14.5	动土作业有正确的隔离				
14.6	没有吊物坠落隐患				
14.7	廊桥/走道有护栏				

动土作业(分数)		糟糕　　　　　　　很好
		1 2 3 4 5 6 7 8 9 10

XV. 机械设备

序号	项目	是	否	不适用	评论
15.1	座位有安全带并被使用				
15.2	有防翻滚设备				
15.3	有喇叭				
15.4	在安全区域加油				
15.5	安装有灭火器				

续表

序 号	项 目	是	否	不适用	评论
15.6	不使用的时候，停放在合适的位置				

机械设备（分数）		糟糕　　　　　　　　很好
		1 2 3 4 5 6 7 8 9 10

XVI. 吊车和起重					
16.1	吊车的检查有记录				
16.2	有配重表				
16.3	有指挥手势信号标准张贴				
16.4	转动半径有保护				
16.5	高处的电线有保护				
16.6	吊绳、挂钩等每天都有检查				
16.7	使用安全钩				
16.8	确定了安全载荷				
16.9	起重时所有重物都有尾绳				

吊车和起重（分数）		糟糕　　　　　　　　很好
		1 2 3 4 5 6 7 8 9 10

表7-4-2整改项目统计表用于跟踪检查过程中发现的隐患。

表7-4-2　整改项目统计表

需要整改/改进的项目				
序号	建议的整改或改进	负责人	期望的完成日期	实际完成日期

制表人：_____　日期：_____

项目管理单位和承包方定期召开项目例会(包括 HSE 会议)，会议中应对 HSE 控制措施落实情况和阶段控制重点进行沟通。

项目管理单位应对承包方作业期间或作业结束后的 HSE 表现进行评估，每月进行一次，如果工期不到一月的作业则结束后进行评估，评价结果完成后报安全科。

二、工期进度管理

各输油气单位应根据工程项目的工作量及现场情况，制订详细切实可行的工程施工进度计划，对可利用的各类资料进行合理配置，保证工程按期完成。

工程项目开工后，项目管理单位应定期填报工程形象进度月报表。

每月 25 日前各承包方应向项目管理单位报送工程形象进度报表，项目管理单位需在每月 25 日向计划科报工程进度确认单(其中季度末大修、维修项目报服务采购工作量确认单)。

三、施工质量管理要求

各输油气单位应对承包方质量保证体系的建立、健全和运行情况进行监督、检查和管理，确保对工程建设质量的有效控制。

各输油气单位要认真组织工程中间验收和隐蔽工程验收工作，并根据工程实施情况组织施工现场质量检查，对工程实施过程中的重大质量事件及时向上级主管部门反映。

在施工过程中，各专业部门或项目管理单位到现场检查应出具检查报告，并对检查出质量、安全问题进行汇总，并通知承包方进行整改，整改完毕后以纸制形式反馈整改结果。

四、工程变更管理

工程项目实施过程中，如果发生技术方案局部变更，应由承包方或现场代表提出变更需求，经监理单位、项目主管单位、计划科长、主管经理依次对变更进行分析审核方可实施。

如果项目的主体技术原则或技术参数发生变更，要重新进行技术方案或初步设计的审查。

如果技术方案变更后，无论变更大小，超过概预算投资金额的10%，应重新申报立项。对于不能按期完成的项目，要对项目延期的影响进行评价，并制订合理的纠正措施。

五、项目验收

工程完工、竣工报告签署后，由施工方提出验收申请，项目主管部门进行审核并起草验收方案报分管经理同意后组织验收。验收合格后各单位在竣工验收单上签字并签署验收报告，（维修项目可只填写竣工验收单）。如为限上项目，在分公司初验合格后上报管道公司相关处室进行验收。

六、投产试运

计划投资额100万元以下的工程项目，各输油气单位编制投产方案、投产操作规程及投产运行人员培训计划并报上级主管部门审批，同时按照投产方案内容做好物资储备、施工保驾及维抢修等投产准备工作，自行组织投产试运工作。

计划投资额100万元以上的工程项目，输油气分公司向上级主管部门书面提出投产申请，上级主管部门在投产前组织或委托有关单位对工程项目进行投产前检查；并督促输油气分公司对检查中提出的整改要求进行落实；工程项目正式投产应经过上级主管部门同意。

七、项目结算

工程竣工验收完成后，各项目管理单位向计划科预算岗按要求报送结算资料。

收集齐全核销资料后（包括预结算书、合同、发票、工程竣工验收单等），按照财务资金支出授权管理规定进行。

八、施工资料及归档

在项目过程管理中，要加强对过程记录的管理，注重资料的收集整理，杜绝资料的后补，保证竣工资料的真实、规范、全面，对项目尤其是隐蔽工程部分，要保留工程实施过程中和实施完成后的照片和录像等影像资料以及输油气单位或工程监理的签字等验收资料。

对已完工结算固定资产投资、大修理项目资料进行收集整理，做好项目资料件与卷的管理，按档案管理部门要求需先通过"档案信息管理系统"录入相关信息，再对纸质资料归档。所有大修更改竣工资料、结算资料需要提交纸制、扫描各一份。

固定资产投资、大修理项目按竣工资料表格格式要求编制竣工资料，相关设计变更、施工联络单及签证单等按照相关记录填报。维修项目相关施工过程记录可参照竣工资料表格格式中相关要求填写。如果发生签证(工程量变化)或者计划维修项目内容变更，需填报签证单或计划维修项目内容变更申请表。

九、工程项目竣工验收

工程竣工并经投产试运行检验合格后，各输油气单位负责组织编制工程竣工资料和竣工验收文件，做好工程竣工验收的准备工作。

投资额100万元以下的工程项目，各输油气单位自行组织设计、施工、监理等单位进行竣工验收，验收意见上报上级主管部门备案。

十、转资

根据《固定资产转资管理规定》，对达到预转资产或者正式转资要求的固定资产投资项目按估算成本或者审定的工程成本由在建工程转入固定资产核算与管理。

预转资明细表、单项工程转资表的编制要按照《管道建设工程单项固定资产确认原则》、《会计准则》中相关要求完成。

第八章　工艺基础管理

第一节　工艺基础技术资料管理

一、技术资料档案管理原则

工艺基础技术资料包括工艺类设计图纸、工艺设备说明书、行业标准等资料，技术资料档案管理工作实行统一领导、分级管理的原则，维护档案完整与安全，坚持资源整合和资源开发，为站队各项安全生产工作提供有效服务。

二、技术资料收集、整理归档方法

1. 技术资料收集

工艺设备定型、科研成果鉴定、基本建设项目竣工验收等有关活动中，工艺工程师必须参加，负责有关文件材料的验收。没有完整、准确、系统的文件材料，不得验收或鉴定；对于合格的文件材料，则应全部收集存档。

2. 整理归档要求

工艺工程师应做好技术资料的整理工作，确保归档文件材料齐全、完整、准确。

(1) 归档的文件材料应为原件，一般一式一份(套)。归档纸制材料的同时，相应的电子文件一并归档。

(2) 归档文件材料必须齐全、完整、准确。齐全是指按照归档范围应归档的文件材料全部归档；完整是指每件文件材料的正文与附件、正文与定稿、请示件与批复件、转发件与被转发件、荣誉档案与说明荣誉档案的通报等文字材料、纸质件与电子件齐全；准确是指归档文件材料内容真实，签署和用印符合文书工作规范，纸质件与电子件内容相符。

(3) 归档文件材料的载体和字迹须符合耐久性要求，装订应使用不易生锈材料。

(4) 归档文件材料是外文的，应由工艺工程师将文件材料题名、责任者翻译成中文与原件一起归档。

(5) 基本建设项目文件材料必须保证齐全、完整、系统，确保其原始性、真实性、准确性，签署手续完备，并由项目负责人签字核准。

(6) 归档的声像材料应按照精练、完整的要求，填写内容、时间、地点、人物、背景及摄录人姓名，并保证载体清洁、耐久和内容真实、可读。

3. 归档时间要求

(1) 科学技术研究、基本建设项目文件材料在项目鉴定后或竣工验收3个月内归档；

(2) 声像档案在洗印、录制完毕后及时归档、移交；

(3) 实物档案在工作活动结束后及时归档、移交。

4. 归档档案移交

（1）声像档案的收集、归档、整理具体执行《档案管理程序》；

（2）基本建设项目档案的收集、归档、整理具体执行《基本建设项目档案管理规定》。

5. 技术资料档案保管

工艺基础技术资料档案保管应当做到档案实体保护与档案信息安全保密并重，最大限度地延长档案实体寿命，保护国家秘密和商业秘密，维护国家和管道公司的权益。

档案保管应符合以下要求：

（1）技术资料档案室要配备档案防护设施、设备，做好档案"防盗、防火、防潮、防虫、防光、防尘、防有害气体、防污染"等"八防"工作；

（2）要编制档案索引图或表，标明档案存放地点；

（3）档案柜（架）号要按从左向右、自上而下的顺序做出标记，以便查找；

（4）要随时检查技术资料保管情况，发现问题要及时采取有效保护措施，如有损坏应及时修复，保证档案完好无损；

（5）档案防护设施、设备必须按相关安全管理规定进行定期检查、检定与更换。

三、技术资料分类原则

按照类目设置要求和生产实际运行需求，工艺基础技术资料档案的一级类目分为生产技术管理类和基本建设类。

1. 二级类目分类原则

在同一年度内，二级类目按管理职能—问题分类，其中基本建设项目类的二级类目按工程性质分。各单位分类时，必须执行到二级类目。

2. 标识符号与识别方法

（1）本规则采用英文字母与阿拉伯数字相结合的混合编号制；

（2）一级类目采用英文大写字母顺序排列标识，见表 8-1-1。

表 8-1-1 一级类目标识符号对照表

序　号	一级类目名称	标识符号
1	生产技术管理类	D
2	基本建设类	G

（3）二级类目的类别分别采用双位阿拉伯数字 01，02，…顺序排列标识；

（4）各级档案的类目、名称和基本范围见表 8-1-2。

表 8-1-2 中国石油管道公司档案分类表

一级类目		二级类目		基 本 范 围
代号	名称	代号	名称	
D	生产技术管理类	01	生产管理	综合性文件、生产组织、调度指挥工作、输油气生产报表、生产运行记录、能源管理、油气销售、技术改造、供排水管理等
		02	工程管理	综合文件、工程管理条例、生产周报、工程质量及进度管理等

续表

一级类目		二级类目		基 本 范 围
代号	名称	代号	名称	
D	生产技术管理类	03	科技管理	综合性文件、技术开发、技术引进、科技成果管理、新技术推广、标准化管理等
G	基本建设类	01	油气长输与储运工程	综合文件、管理文件、料、管道工程、储存装置工程、装车、其他基础资源

四、生产记录管理

1. 记录的范围和形式

（1）凡工艺类安全生产运行过程和标准要求的证据，均属"记录"的范围，包括工艺操作票、锁定记录、调度令、电话录音、生产相关往来函等；

（2）记录可以是表格、图表、报告、磁带、磁盘、照片等形式。

2. 记录样式的编制、审批与更改

（1）新建记录的格式由专业主管部门根据记录所属相关体系文件的要求和实际运行需要设计，并按照《体系文件管理程序》的要求进行审批。对于涉及多个部门、单位的记录要经主管领导最终确认。

（2）各类记录格式应包括以下基本内容：

① 记录名称。简短反映记录对象。

② 记录编号。是记录的唯一性标识。

③ 记录顺序（流水）号。是某一种记录每张记录的识别标记，若记录为成册票据，印有流水号，要视为流水号。

④ 记录内容。按对象要求，确定编写内容。

⑤ 记录人员。记录的填写人员、会签人员、审批人员等。

⑥ 记录时间。按活动时间填写。

⑦ 记录主管单位名称。

⑧ 对于复杂的记录，还应有填写说明。

（3）工艺工程师可根据工作需要提出和设计记录格式的更改样式，并按照《体系文件管理程序》的规定进行审批。

3. 记录的管理

1）填写要求

（1）记录填写要及时、真实、内容完整、字迹清晰。各相关栏目签字不允许空白。如因某种原因不能填写的项目，应用"/"划去。

（2）记录应明确填写人、填写时间，如需审核、批准的相关记录应明确审核、批准人及审核、批准时间。

（3）原始记录不允许进行涂改，如有笔误或计算错误要修改原数据，应采用单杠划去原数据，在其上方写上更改后的数据，加盖更改人的印章或签上姓名及日期。

2）收集与归档

工艺工程师负责定期收集整理本岗位产生的记录报表，编制记录清单，并将记录报表按时间顺序装订成册后保存。凡上报或归档的记录，站场应存档。

3）记录的检索和借阅

站场人员需要检索查询或借阅已归档的记录，须经所在站队负责人批准。若检索涉及企业保密内容的记录时，记录的保管站队应经主管副总经理批准后，方可提供相应的记录。可根据记录清单进行快速检索。

4）记录的编码、编目储存和保护

（1）记录的编码要求。

① 对于目前已经在业务流程中形成的记录，仍沿用内控业务流程的样式和表单号；

② 对于新产生的记录，按照《体系文件编写指南》进行编码。

（2）记录应按照类别定期装订成册、编目保存。

（3）记录应有适宜的保存条件，以防止人为的或意外的丢失、受损或失密，同时也便于查阅。

（4）对于电子版的记录要采取必要的控制措施，如定期检查、备份等，防止储存的内容丢失。

4. 工艺类站场生产记录报表管理

适用于原油站场、成品油站场和天然气站场的工艺类生产记录报表有 8 类，均有固定的表单名称、表单号码、所属岗位、记录形式、归档资料夹或文件夹类别以及填写频次，见表8-1-3。

表 8-1-3　工艺类站场生产记录报表填写与归档说明

序号	表 单 名 称	表 单 编 号	所属岗位	记录形式	资料夹/文件夹	填写频次
1	调度令	GDGS/CX 71.01/JL-01	运行岗	电子/纸质	调度令	适时
2	运行参数综合日报表	GDGS/CX 71.01/JL-03	运行岗	PPS		每 2 小时一次
3	生产运行岗位综合值班记录	GDGS/CX 71.01/JL-04	运行岗	PPS		每班一次
4	岗位巡检记录		运行岗	ERP		每 2 小时一次
5	工艺操作票	GDGS/CX 71.01/JL-08	运行岗	纸质	操作票	操作时填写
6	锁具动态管理台账	GDGS/ZY 73.01-01/JL-01	运行岗	电子	锁定管理	变更时填写
7	锁定操作票	GDGS/ZY 73.01-01/JL-02	运行岗	纸质	锁定管理	使用时填写
8	水质化验记录	GDGS/ZY 62.10-02/JL-01	运行岗	纸质	记录	按规定填写

5. 记录的保存期

（1）涉及法律法规及产品责任的记录，如法定监测记录、事故报告、检验报告等需长期保存。

（2）与产品有关的记录应满足产品周期的要求，与合同有关的记录在合同终止后应保留一年以上，或按照合同自身规定的期限保留。

第二节　站内管道及部件台账管理

一、基本概念

1. 站内管道

站内管道是指输油气站内(含阀室)的工艺、伴热、换热、加剂、放空、排污、自用气等系统的管道。

2. 站内管道部件

站内管道部件是指与管道相关的支撑、支架、卡箍以及防腐层和保温层等附属设施。

二、站内管道及部件台账管理

(1) 站内管道及部件是输油(气)站(含阀室)的设备之一,输油气站须建立完善的《站内管道及部件台账》。台账内容包含:编号、管道名称、起止点位置、长度、外径、厚度、材质、设计温度、设计压力、工作介质、投产时间以及检测情况等必要内容。站内管道及部件台账见表8-2-1。

表8-2-1　站内管道及部件台账

编号	管段名称	起点/止点	埋地长度(m)	地上长度(m)	外径(mm)	壁厚(mm)	设计压力(MPa)	设计温度(℃)	管段材质	保温管/裸管	保温形式	管内介质	投产日期	检测时间	备注

填报人:　　　　　　　　　　　　　　　　　审核人:

(2) 站内管道发生更新改造和大修项目变更时,应及时更新台账内容。

(3) 站内管道应按规定时间进行检测和风险评价,保证其本质安全。

三、站内管道工艺流程及设备编号管理

(1) 站内管道工艺流程及设备编号是生产运行操作控制的基础,站内工艺系统管道、设备及自控系统等均应进行工艺编号。

(2) 站内管道及设备工艺编号,不得随意改变;如确需改变时,由分公司向生产处申请,生产处批复后,通知运行调控单位后,方可进行。

(3) 站内管道及设备工艺编号改变后,必须及时更新调整运行规程和操作依据中的相关内容。

四、站内管道及部件使用

(1) 站内管道应按其工艺性能进行使用和标识,标识方法按《中国石油管道公司输油站场可视化管理标准》执行。

（2）站内管道使用须按设计压力和工作压力使用，不得超压运行。

（3）站内管道高低压交汇处两端需进行标示，并按适用标准和规程的要求进行操作控制和运行管理。

（4）站内管道使用过程中，须按《输油气生产检查管理程序》进行检查。

第三节　管理系统应用

一、ERP 应用

1. ERP 基本概念

ERP 系统是企业资源计划的简称，具有设备管理、财务管理和库存管理的功能。管道公司 ERP 设备管理模块的实施覆盖了 4 个管理层面：基层站队、二级单位机关、地区公司总部及派出机构、板块。在 ERP 系统内，管道公司的每个二级单位均设置一个指定的公司代码。

2. 查看站内管道台账

登陆 ERP 系统可查看站内管道台账，查看的路径为：

（1）在 ERP 主界面点击"管道公司目录"；

（2）点击"报表"；

（3）点击"站内管道台账"，进入查询界面；

（4）在查询界面输入地区公司名称、二级单位名称和站场代码，点击查询页面左上方"执行"按钮后便可查看站内管道台账。

3. 设备运行状态管理

1）巡检结果录入

（1）运行班站员或站队管理人员在巡检主界面点击"巡检结果录入"；

（2）进入"巡检结果录入"界面，输入巡检线路编号和巡检时间；

（3）创建巡检通知单，输入检查结果、巡检人姓名和通知单号；

（4）点击"保存"并退出。

注：在巡检结果录入的时候，如果是量化的结果，就在量化测量结果中录入；非量化的结果，则在非量化测量结果中录入，两者不能填写错误；如果在巡检的时候发现异常，就创建通知单。

2）巡检结果查询

（1）在巡检主界面点击"巡检结果查询"；

（2）进入"巡检结果查询"界面，输入线路号和查询的时间区间；

（3）点击"执行"按钮，查看巡检结果。

4. 快速处理业务流程

1）非线路类快速处理业务流程操作步骤

业务描述：当站场管道及部件发生简单的故障或需要维护保养时，站员或维抢修队队员不需上报分公司，自己就可以解决，问题排除后直接在 SAP 系统创建并关闭非线路类快速处理记录单。

（1）站员或维抢修队队员在 ERP 主界面左上方方框处输入 IW21，回车或点 进入建立 PM 通知初始屏幕；

（2）输入创建非线路类快速处理记录单界面，查找并选择通知单类型，双击"Z1"类型；

（3）点击 进入非线路类快速处理记录单；

（4）填写表头（故障名称）、设备名称、故障描述等必要的数据，选择设备时要根据条件选择，填写工厂代码或用通配符 * 进行模糊查找；

（5）填写计划总览的数据，包括报告者姓名、故障的开始与结束时间；

（6）先后点击完成按钮、生成按钮，关闭记录单。

2）线路类快速处理业务流程操作步骤

业务描述：当线路管道及部件发生简单的故障或需进行维护保养时，站员或维抢修队员不需上报分公司，自己就可以解决，问题排除后直接在 SAP 系统创建并关闭线路类快速处理记录单，显示通知单号。

（1）按照非线路类快速处理业务流程的操作步骤方法，进入线路快速处理记录单初始界面，选择通知单类型为"线路类快速处理记录单"，进入记录单后填写必要的数据；

（2）填写计量凭证确定维修位置（此处是与非线路业务的区别），点击"附加"选择计量凭证；

（3）填写计量凭证数据，在"功能位置"处填写线路功能位置（系统自动带出其编号），在"计量位置"处填写里程桩编号，并填写维修位置；

（4）按照非线路类快速处理业务流程的操作步骤方法，填写计划总览，关闭记录单。

5. 自行处理业务流程

1）非线路类自行处理业务流程操作步骤

业务描述：当站场管道及部件发生故障或需进行维护保养时，站员不需上报分公司，但必须马上上报站长，由站长审批报修单，站员创建自行处理作业单进行故障处理。

（1）创建非线路类故障报修单。站员或维抢修队员填写表头（故障名称）、报告者（即故障发现人）、设备名称和故障详细描述，选择设备的查找方式和非线路类快速处理流程一样。填写维修故障要求的时间，可选择优先级，点击"是"后系统会自动根据系统的时间计算出"要求结束的日期"，或直接在"要求的起始日期"、"要求的结束日期"中按自己的经验填写时间，点击保存按钮，生成非线路类故障报修单。

（2）创建非线路类自行处理作业单。在站长、维抢修队队长审批非线路类故障报修单之后，站员或维抢修队队员在 ERP 主界面输入事务代码 IW22，点击 进入建立 PM 通知初始屏幕。输入通知单号，点击 进入故障报修单界面，选择订单类型为 ZC11，选择作业类型为 M02。填写工序，包括工作步骤、编号和时间，"编号"是指每一步工序的工作人数，"期间"是指"编号"中每个人对应的时间，"工作"是"编号" * "期间"，指的是几个人总共工作了多长时间，即总工时。添加组件，选中需要添加组件的工序之后选择组件，使用通配符 * * 填写物料描述，之后填写需求数量、项目类别 IC、库位，并点击工序清单选择组件所放的工序。添加 WBS 计划号，点击"位置"之后点击"WBS 元素"，填写公司代码选择相应的 WBS 号。将作业单的用户状态手动从"编辑"改为"待审批"。

（3）打印订单、领料、实际施工、验收。在站长、维修队队长下达非线路类自行处理作业单之后，站员或维抢修队员需打印订单、领料、实际施工、验收。

（4）维修作业完工确认。站员或维抢修队员在 ERP 左上角搜索框处输入 IW42，回车或点击 进入全部完成确认屏幕，填写订单号进行订单搜索，并将作业工序的"最后确认"全打钩，确认工序完成。

（5）填写失效信息。站员或维抢修队员在 ERP 左上角搜索框处输入 IW22，回车或点击 进入修改 PM 通知屏幕。填写通知单号，进入保修单界面，点击故障词典视图，填写相应信息的代码组，完成失效部位和分类的填写，之后保存保修单。

（6）确认问题已排除。站员或维抢修队员在 ERP 左上角搜索框处输入 IW22，回车或点击 进入修改 PM 通知屏幕。填写通知单号，进入保修单界面，点击设置用户状态按钮，选择"30 问题已排除"，之后保存保修单并退出。

（7）关闭非线路类故障报修单。站员或维抢修队员在 ERP 左上角搜索框处输入 IW22，回车或点击 进入修改 PM 通知屏幕。填写通知单号，进入通知单界面，点击完成按钮，然后回车或点击 ，完成报修单的关闭。

（8）关闭非线路类自行处理作业单。站员或维抢修队员在 ERP 左上角搜索框处输入 ZR6PMRP001，回车或点击 进入工单状态修改屏幕。输入工单信息，进入修改界面，填写订单类型、期间和维护工厂，点击执行。然后点击进行排序，选中所需订单，关闭作业单。

2）线路类自行处理业务流程操作步骤

业务描述：当线路管道及部件发生故障或需进行维护保养时，站员不需上报分公司，但必须马上上报站长，由站长审批报修单，站员创建自行处理作业单进行故障处理。

（1）创建线路类故障报修单。站员或维抢修队队员按照非线路类自行处理业务流程的操作步骤，在初始屏幕上选择"线路类故障报修单"，并填写报修单相关数据。点击"附加—计量凭证"，填写报修位置的里程桩号，系统自动带出里程桩的计量点号，直接回车。填写报修位置，选择相应的计量点代码组，之后保存报修单。

（2）创建线路类自行处理作业单。站长、维抢修队队长审批线路类故障报修单之后，站员或维抢修队员需创建线路类自行处理作业单，按照创建非线路类自行处理作业单的方法，选择订单类型为"线路类自行处理作业单"、PM 作业类型为"管线维修业务"，从而实现线路类自行处理作业单的创建。

（3）站员或维抢修队员按照非线路类自行处理业务流程操作步骤，进行如下操作：

① 打印订单、领料、实际施工、验收；

② 维修作业完工确认；

③ 填写失效信息；

④ 确认问题已排除；

⑤ 关闭线路类故障报修单；

⑥ 关闭线路类自行处理作业单。

6. 一般故障维修业务流程

1）非线路类一般故障维修业务

业务描述：当站场管道及部件发生故障或需进行维护保养时，站员马上创建非线路类故障报修单并上报站长，由站长审批报修单，之后由二级单位相关科室创建故障作业单，同时二级单位科室人员判断故障是由谁进行处理。

站员或维抢修队员按照非线路类自行处理业务流程操作步骤，进行如下操作：

（1）创建非线路类故障报修单；

（2）在维检修作业完工之后，确认问题已排除；

（3）关闭非线路类故障报修单。

2）线路类一般故障维修业务

业务描述：当线路管道及部件发生故障或需进行维护保养时，马上创建线路类故障报修单并上报站长，由站长审批报修单，之后由二级单位相关科室创建故障作业单，同时二级单位科室人员判断故障是由谁进行处理。

站员或维抢修队员按照线路类自行处理业务流程操作步骤，进行如下操作：

（1）创建线路类故障报修单；

（2）在维检修作业完工之后，确认问题已排除；

（3）关闭线路类故障报修单。

二、PPS 应用

1. PPS 基本概念

中国石油管道生产管理系统，简称 PPS 系统，是中国石油天然气与管道分公司统一的管道生产运行业务管理信息平台，是支持中国石油天然气与管道业务的重要信息系统之一。管道生产管理系统（2.0 版）的内网网址是"http：//ppsv2petrochina"，外网网址是"https：//ppsv2. petrochina. com. cn"，内部用户通过内网，使用 UKey 通过统一身份验证登录 PPS 系统。

2. 管理职责

站队工艺工程师负责将与本站队相关的数据录入 PPS 系统并审核，对所录入、审核的数据负责，确保所录数据及时、准确、完整、有效。

3. 系统操作

（1）系统操作人员必须经过本单位的计算机基本技能和系统操作培训后，方可进行 PPS 系统单独上机操作；

（2）系统操作人员应做到数据录入及时准确，坚决杜绝假数据、假报告等虚假数据现象，如发现将追究录入人责任。

（3）系统操作人员应遵守《信息系统安全管理程序》，不得传播查阅违规信息。

4. 数据录入与导出

（1）系统应用人员按《原油、成品油运销管理程序》和《能源管理程序》内容规定，按时在 PPS 系统中录入、检查、修改、审核各项数据，并保证数据的及时性、准确性、完整性。

（2）操作人员每次录入数据时将现场数据与系统数据核对，在确认数据一致或在允许偏差范围内后，保存上报，并对上报数据负责。

（3）如需修改已提交的数据，需在 PPS 系统中向上级业务主管人员提交《数据修改申请表》，经同意后再进行修改并重新上报提交。

5. 系统应用的维护和功能扩展

（1）当发现系统已有的模型或数据有错误或不能满足工作需要，需修改系统数据信息时，各单位逐级上报至公司生产处或销售处业务主管人员，由业务主管人员审核通过后通报至 PPS 系统项目组实施修改维护操作。

（2）需要在 PPS 系统上进行功能调整或功能扩展时，填写《新增功能申请表》《调整功能申请表》《新增报表申请表》，书面上报至生产处或销售处业务主管人员处审核，审核通过后向 PPS 系统项目组通报以上书面申请，由项目组人员实施完成。

6. 系统应用的考核与奖惩

（1）系统应用考核内容主要包括：分公司系统应用人员是否按规定时间及时、完整、准确上报数据，对数据重新提交、修改次数进行统计。

（2）系统应用奖惩：将数据录入、提交的及时性、完整性、准确性情况纳入绩效考核，与业绩奖金挂钩。

7. 系统应用的应急处理

（1）当系统不能正常登录或运行时，及时向本专业上级管理人员汇报，生产处或销售处业务主管人员接到汇报后及时向 PPS 系统项目组通报系统故障现象，由项目组进行故障排查，故障修复后，系统操作人员需要将数据补录到系统。

（2）当计算机死机或停电等原因无法使用计算机系统时，此时可启动"应急纸质记录"，系统操作人员人工录入相应数据，同时向本专业上级管理人员汇报；计算机故障修复后，系统操作人员需要将手写记录数据补录到系统。

8. 保密规则

每个用户只能有一个账号，密码要保密，不能随意将用户账号和密码交给他人使用，如果由此造成的损失，由个人负责。

9. PPS 日常填报记录

工艺工程师负责检查运行员工填报调度日报、运行参数以及值班事宜等记录的正确性，发现错误须立即纠正。用站场填报人权限进入 PPS 系统，点击"调度运行—调度日报"—"生产日报"，可看到填报界面包含场站运行参数、自耗和生产动态等信息。此参数每日填报一次，选择上侧的日期，点击"刷新"按钮，即可填写或查看。

1）场站日报填报

填好参数后，选择审核人，然后点击"暂存"或"提交"按钮。暂存是将数据暂时存放服务器，供再一次填写，而提交是提交给审核人。

2）场站日报填报——选择审核人

审核人登陆 PPS 系统，进入待办工作，里面有一条"某站生产运行日报"，点击进入。如果审核人确定无误，选择"同意"单选按钮，点击"提交"即可完成此次的日报。如果还有问题，则可选择"返回"单选按钮，点击"提交"即可将此日报退回给填报人，直到无误后才同意提交。审核人同意提交后，工作流程走完。

3）各类运行记录填报

运行记录包括调度令、放空记录、清管记录、启停输记录、值班事宜等记录。其中值班事宜的填报需选择值班模板、编制值班表并填报值班日志。

10. 场站作业计划管理

1）场站作业计划制订

用场站的账号进入 PPS 系统，点击"值班调度"—"场站作业计划"，就可以使用制订场站作业计划。用户需在作业计划界面上选择管线、作业范围、作业名称、作业类型、预计开始时间以及预计结束时间，填写作业内容，上传对应的附件并点击"上传"按钮，选择对应的审核人，然后点击"提交"即可上传场站作业计划。

作业类型分为一般、紧急和普通 3 类，场站作业范围包括管线作业、管段作业、场站作业和阀室作业。当选择的作业范围不同时，需要选择的下拉框也不同。当作业范围选择为管段作业时，需要选择对应的起始场站和终止场站。填写完毕后，选择对应审核组，然后提交即可。

2）场站作业查看

（1）未被审核的场站作业。在场站作业计划提交之后，则成为场站作业。场站作业的查看方法为：用场站账号进入 PPS 系统，点击"值班调度"—"场站作业"，即可查看场站作业的情况。场站作业情况分为 3 类：审核流转中、进行中的作业和历史作业。若场站作业计划刚提交，还没有被审核，则属于审核流转中。

（2）进行中的场站作业。若场站作业计划已经被审核通过，且在作业时间内，则属于进行中的作业。点击"Word 下载"可以下载 word 文件，里面包含所有进行中的场站作业情况。

（3）历史场站作业。若场站作业时间已过，相应的作业会放到历史作业中。点击"Word 下载"可以下载 word 文件，里面包含所有历史的场站作业情况。

（4）场站作业的查询。此外，用户可以在界面上根据各种查询条件查询场站作业，如选择管线、场站、作业范围、作业类型、作业名称、开始时间和结束时间等。场站作业范围包括管线作业、管段作业、场站作业和阀室作业，作业类型分为一般、紧急和普通，然后点击"查询"按钮即可查询。查询后若想看对应的作业情况，点击对应的管线名称即可进入查看，并可下载附件。

11. 运维管理

若数据填报过程中出现错误，可通过"运维需求在线管理"中的"数据修改申请"来重新填报。通过"运维需求在线管理"还可实现在线运维管理、新增客户、功能调整、新增账号、新增或修改报表、数据导出、新增站场、新增 SCADA 数据采集等功能。

需要在 PPS 系统上进行功能调整或功能扩展时，填写《新增功能申请表》《调整功能申请表》和《新增报表申请表》，书面上报至生产处或销售处业务主管人员处审核，审核通过后向 PPS 系统项目组通报以上书面申请，由项目组人员实施完成。

第三部分 工艺工程师资质认证试题集

初级资质理论认证

初级资质理论认证要素细目表

行为领域	代码	认证范围	编号	认证要点
基础知识 A	A	输油管道输送技术	01	输油管道工艺计算
			02	易凝高黏原油的输送工艺
			03	输油管道工况调节
	B	输气管道输送技术	01	输气管道工艺计算
			02	输气管道储气与增输
	C	输油气管道投产	01	输油管道投产
			02	输气管道投产
专业知识 B	A	工艺技术管理	01	输油气运行工况分析
			02	审核操作票与操作监督
			03	工艺及控制参数限值变更
			04	编制月度工作计划
			05	作业文件的编制
			06	油气管道清管作业实施
			07	成品油顺序输送混油切割与处理
			08	站内工艺管网投产
	B	站内管道及部件管理	01	站内管道及部件的日常巡护
			02	站内管道及部件维护保养
			03	站内管道及部件检修
	C	工艺安全管理	01	站场 HAZOP 分析与实施
			02	组织本专业安全生产检查
			03	油气管道设施锁定管理
			04	站内作业现场管理
	D	站场工程项目管理	01	项目建议书编制
			02	项目实施准备
			03	项目现场管理
	E	工艺基础管理	01	工艺基础技术资料管理
			02	站内管道及部件台账管理
			03	管理系统应用

初级资质理论认证试题

一、单项选择题(每题 4 个选项,将正确的选项号填入括号内)

第一部分　基础知识

输油管道输送技术部分

1. AA01 等温输油管道油品能量损失只需考虑油流的(　　)。

A. 热交换和压能损失　　　　　　　　　B. 压能损失

C. 热交换　　　　　　　　　　　　　　D. 沿程摩阻

2. AA01 下式中(　　)为输油管道沿程摩阻损失计算公式。

A. 达西公式　　　B. 威莫斯公式　　　C. 苏霍夫公式　　　D. 潘汉德尔公式

3. AA01 雷诺数 Re 值为(　　)时,输油管道油品流态为过渡区。

A. 2000　　　　　B. 3000　　　　　　C. 2000~3000　　　D. 1000~2000

4. AA01 热油管道水力坡降线为(　　)。

A. 由几条斜率不同的直线组成的折线　　B. 一条直线

C. 一条斜率不断减小的曲线　　　　　　D. 一条斜率不断增加的曲线

5. AA01 输油管道两个加热站之间的管路上,油流温降的规律是(　　)。

A. 前段温降较快　　B. 后段温降较快　　C. 温降均匀　　　　D. 没有规律

6. AA01 热油管道的水力热力计算顺序是(　　)。

A. 先进行水力计算然后进行热力计算

B. 先进行热力计算然后进行水力计算

C. 同时进行热力计算和水力计算

D. 根据实际情况确定热力计算和水力计算的先后顺序

7. AA02 高黏原油难以流动的主要原因是(　　)。

A. 凝点高　　　　　　　　　　　　　　B. 含蜡高

C. 胶质和沥青质含量高　　　　　　　　D. 重组分和轻组分几乎各占一半

8. AA02 (　　)不属于输油管道降低含蜡原油凝点的方法。

A. 加热输送　　　B. 添加降凝剂　　　C. 热处理　　　　　D. 综合热处理输送

9. AA02 (　　)属于高黏原油输送工艺。

A. 稀释法输送　　B. 添加降凝剂　　　C. 热处理　　　　　D. 综合热处理输送

10. AA02 原油的倾点比凝点(　　)。

A. 低　　　　　　　　　　　　　　　　B. 高

C. 相等　　　　　　　　　　　　　　　D. 不同条件下高低不同

11. AA02 原油的热处理输送为(　　),达到降低原油凝点改善原油低温流动性的目的。

A. 加热后降温　　　　　　　　　　　　B. 加热后维持温度

C. 加热后控制降温速度和冷却方式　　　　D. 加热后降温

12. AA03 当既需要提高扬程又需要提高输量时，输油泵站离心泵组合方式应为（　　　）。

A. 全部串联　　　B. 全部并联　　　C. 任意组合　　　D. 串联和并联

13. AA03 （　　　）不属于泵站工作特性调节方式。

A. 改变运行的泵站数　　　　　　　　B. 改变运行的泵机组数

C. 泵机组调速　　　　　　　　　　　D. 输量变化后泵站的工作特性随之改变

14. AA03 （　　　）属于输油管道工作特性常用调节方式。

A. 输量变化较大时调整泵站出站调节阀的开度

B. 输量不稳定时调整泵站出站调节阀的开度

C. 输量变化较小时调整泵站出站调节阀的开度

D. 压力变化较小时调整泵站出站调节阀的开度

15. AA03 通过调整泵站出站调节阀的开度来实现输油管道工况调节的特点是（　　　）。

A. 无能量损耗调节　　　　　　　　　B. 适合于输量变化大的情况

C. 有能量损耗调节　　　　　　　　　D. 任何工况变化都适合

输气管道输送技术部分

16. AB01 输气管道平均压力工艺计算公式适用条件为（　　　）。

A. 管道进出气量相等且运行平稳

B. 管道进出气量相等

C. 管道进出气量可以不相等但流态必须平稳

D. 适合于任何运行比较平稳的输气管道

17. AB01 华氏温度 100℉ 转换成摄氏温度约为（　　　）。

A. 35. 1℃　　　B. 37. 8℃　　　C. 40. 5℃　　　D. 45. 3℃

18. AB01 中石油天然气计量标准状态为（　　　）。

A. 压力为 1. 0kg/cm^2，温度为 293. 15K

B. 压力为 0. 101325MPa，温度为 273. 15K

C. 压力为 0. 101325MPa，温度为 293. 15K

D. 压力为 101. 325kPa，温度为 273. 15K

19. AB01 与天然气管道输差无关的因素是（　　　）。

A. 停气检修　　　B. 运行期间的放空　　　C. 流量计的误差　　　D. 管存气量的变化

20. AB01 一条进出气流量相等的输气管线，起点压力为 7MPa（表），终点压力为 3MPa（表），全线平均压力则为（　　　）。

A. 6. 2MPa（表）　　　B. 6. 2MPa（绝）　　　C. 5. 3MPa（表）　　　D. 5. 3MPa（绝）

21. AB02 一条输气管道起点压力为 6MPa（表），终点压力为 3MPa（表），如果起点压力变为 7MPa（表），终点压力变为 4MPa（表），输气量将（　　　）。

A. 增大　　　　　　　　　　　　　　B. 减小

C. 不变　　　　　　　　　　　　　　D. 增大一段时间后回来原来的数值

22. AB02 提高输气管道输量的错误方式为（　　　）。

A. 提高管道起点压力

B. 提高管道起终点压力

C. 铺设副管

D. 在压差不变的情况下同时提高管道起终点压力

23. AB02 和输气干线配套的地下储气库的作用为(　　)。

A. 离用户较近　　　　　　　　　　B. 和储气罐的作用一样

C. 为干线供气　　　　　　　　　　D. 季节调峰

24. AB02 天然气液化储气的特点是(　　)。

A. 不适合长时间储存　　　　　　　B. 和地下储气库特点一样

C. 用于日调峰　　　　　　　　　　D. 适合于铁路运输

25. AB02 输气管道末段储气调峰主要与(　　)有关。

A. 管道管容　　　　　　　　　　　B. 管道末段管容

C. 管道末段天然气压力和温度　　　D. 管道末段天然气压力允许的变化幅度

输油管道投产部分

26. AC01 (　　)不属于输油管道投产方式。

A. 空管投油　　　B. 部分充水投油　　C. 全线水联运　　　D. 全线注氮充水投油

27. AC01 输油管道投产采用全线水联运投油方式的好处是(　　)。

A. 排尽气体　　　　　　　　　　　B. 减少混油

C. 水联运期间便于事故的处理　　　D. 水的摩阻小

28. AC01 输油管道投产采用部分充水投油方式的原因是(　　)。

A. 水源相对匮乏不能满足全线水联运　　B. 没有必要进行全线水联运

C. 部分充水投油方式最合理　　　　D. 氮气资源匮乏

29. AC01 输油管道空管投油投产方式为(　　)。

A. 全线注氮　　　　　　　　　　　B. 原油直接注入管道

C. 管道部分注氮然后投油　　　　　D. 投油前管道部分注水

30. AC02 (　　)不属于输气管道常用的投产方式。

A. 管道部分充氮　　　　　　　　　B. 干线和站场同时置换

C. 注醇投产　　　　　　　　　　　D. 气体界面加清管器隔离

31. AC02 (　　)为输气管道投产正确的调压方式。

A. 任何差压下均可采用一级调压

B. 采用几级调压只需考虑是否产生冰堵

C. 采用几级调压应考虑产生冰堵和低温对管材影响两个因素

D. 根据气温决定采用几级调压

32. AC02 输气管道投产置换过程中，管道内气体速度不宜大于(　　)。

A. 1m/s　　　　　　B. 2m/s　　　　　　C. 3m/s　　　　　　D. 5m/s

33. AC02 输气管道主要注氮方式有(　　)。

A. 液氮车注氮　　　B. 制氮车注氮　　　C. 氮气瓶注氮　　　D. 以上都是

34. AC02 天然气管道注醇的目的是(　　)。

A. 保证天然气气质不变　　　　　　B. 防止冰堵

C. 增加天然气的体积　　　　　　　　　　D. 都不是

工艺技术管理部分

35. BA01 管道生产运行与控制，应遵循（　　）的优先顺序。
A. 安全、可靠/有效、高效　　　　　　　　B. 可靠/有效、安全、高效
C. 安全、高效、可靠/有效　　　　　　　　D. 可靠/有效、高效、安全

36. BA01 各站场在下列哪种情况下不能进行本地操作（　　）。
A. 远程通信中断
B. 控制中心远程监控中断
C. 切换到本地控制模式进行现场维护作业
D. 远程连锁操作中

37. BA01 以下哪项不是全线系统分析法的特点（　　）。
A. 各站的输量必然相等
B. 各站的进出口压力相互直接影响
C. 各站的运行参数相互独立，需要按站进行单独考虑
D. 一个站或站间管道的工作状态的变化，都会引起全线输量和压力波动

38. BA01 对密闭输送管道进行工艺优化，需全线综合考虑（　　）。
A. 优先改变动力站的能量供应，使节流损失最小
B. 优先改变动力站的能量供应，使节流损失最大
C. 不改变动力站的能量供应，使节流损失最小
D. 不改变动力站的能量供应，使节流损失最大

39. BA02 工艺工程师在组织模拟操作时，需针对操作过程中发生的问题进行（　　）。
A. 纠正　　　　　　B. 技术指导　　　　　C. 讲解　　　　　　D. 纠正或技术指导

40. BA03 工艺工程师根据（　　）实际情况，发现和上报不合理的工艺控制参数，并提出改进建议。
A. 上级安排　　　　B. 生产运行　　　　　C. 模拟推算　　　　D. 工作管理

41. BA04 以下不属于早班会内容的是（　　）
A. 点名　　　　　　　　　　　　　　　　B. 布置当天工作任务
C. 开展风险识别　　　　　　　　　　　　D. 会议记录

42. BA05 作业文件以相对独立的（　　）为编写对象。
A. 作业过程　　　　B. 作业步骤　　　　　C. 作业方法　　　　D. 作业时间安排

43. BA06 清管器的形状不包括以下哪种（　　）。
A. 球形　　　　　　B. 炮弹形　　　　　　C. 碗形　　　　　　D. 方形

44. BA06 天然气管道公称直径在 300~800mm，在管道输送效率低于（　　）时应进行清管作业。
A. 0.6　　　　　　　B. 0.8　　　　　　　C. 0.9　　　　　　　D. 0.2

45. BA06 成品油管道输油站过滤器单次杂质清出量大于（　　）时应进行清管作业。
A. 50kg　　　　　　B. 100kg　　　　　　C. 150kg　　　　　　D. 200kg

46. BA06 常温输送管道宜（　　）进行一次清管作业。

A. 每季度　　　　　　B. 每半年　　　　　　C. 每年　　　　　　D. 每两年

47. BA06 成品油管道和原油管道清管器的运行速度宜控制在(　　)。

A. 1~2m/s　　　　　B. 2~3m/s　　　　　C. 3~4m/s　　　　　D. 4~5m/s

48. BA07 掺混时为保证油品质量，柴油中掺汽油主要控制柴油的(　　)。

A. 干点　　　　　　B. 闪点　　　　　　C. 辛烷值　　　　　D. 凝点

49. BA08 在站内工艺管网投产过程中，站内工艺工程师主要负责(　　)和对投产实施监控工作。

A. 方案审批　　　　B. 前期准备　　　　C. 方案编制　　　　D. 现场操作

站内管道及部件的管理部分

50. BB01 站内管道部件不包括(　　)。

A. 与管道相关的支撑、支架、卡箍　　　　B. 防腐层

C. 保温层　　　　　　　　　　　　　　　D. 安全仪表

51. BB02 每年根据(　　)编制站内管道及部件维修保养计划。

A. 上年经验　　　　B. 分公司要求　　　C. 风险评价结果　　D. 年度工作计划

52. BB03 编制检修工作计划不应考虑维护周期对(　　)的影响。

A. 系统输量　　　　B. 上游供油单位　　C. 下游用户　　　　D. 作业人员

工艺安全管理部分

53. BC01 HAZOP 分析所研究的状态(　　)是操作人员控制的指标，针对性强，利于提高安全操作能力。

A. 指标　　　　　　B. 参数　　　　　　C. 评价　　　　　　D. 信息

54. BC01 HAZOP 分析结果既可用于设计的评价，又可用于操作评价；还可用来编制、完善安全规程，作为可(　　)的安全教育材料。

A. 教育　　　　　　B. 修改　　　　　　C. 操作　　　　　　D. 规程

55. BC01 HAZOP 分析方法易于掌握，使用(　　)进行分析，既可扩大思路，又可避免漫无边际地提出问题。

A. 工艺参数　　　　B. 引导词　　　　　C. 技术指标　　　　D. 数据

56. BC01 HAZOP 分析不足之处是不能解决管理上的问题，只能定性的分析设备设施潜在的不安全(　　)，时间周期较长，须有较高的技术水平经验。

A. 隐患　　　　　　B. 事故　　　　　　C. 事件　　　　　　D. 缺陷

57. BC01 HAZOP 分析的分析节点称为工艺单元，指具体确定边界的设备(如两设备之间的管线)单元，对单元内工艺参数的(　　)进行分析。

A. 设定值　　　　　B. 数值　　　　　　C. 限值　　　　　　D. 偏差

58. BC01 HAZOP 分析的引导词是用于定性或定量设计工艺指标的简单词语，引导识别工艺过程的(　　)。

A. 安全值　　　　　B. 偏差　　　　　　C. 危险　　　　　　D. 参数

59. BC01 HAZOP 分析中的工艺参数，是指与工艺过程有关的物理和化学特性，包括概念性的项目，如温度、压力及(　　)等，这些基础参数构成了工

艺操作或者设计的内容。

A. 压力　　　　　　B. 流量　　　　　　C. 能量　　　　　　D. 数量

60. BC01 HAZOP 分析中的偏差是指分析组使用引导词系统地对每个分析节点的工艺参数（如流量、压力等）进行分析后发现的系列偏离工艺指标的情况；偏差的形式通常是"（　　）"。

A. 引导词+工艺参数　　　　　　　　B. 引导词+压力

C. 引导词+温度　　　　　　　　　　D. 引导词+流量

61. BC01 HAZOP 分析节点即典型设备。包括设备本身及其附属和辅助设施，分析其在（　　）、操作运行等方面可能存在的潜在危险。如泵即为工艺站场典型设备。

A. 设计施工　　　B. 工程项目　　　C. 工程投标　　　D. 工程验收

62. BC01 HAZOP 分析节点即工艺流程。包括流程本身及其涉及的设备设施，分析其可能存在的程序（　　）或设施使用缺陷。如注入流程、分输流程等。

A. 错误　　　　　B. 漏洞　　　　　C. 不足　　　　　D. 缺陷

63. BC02 专业性检查是根据生产、特殊设备存在的问题或专业工作安排进行的检查。通过检查，及时发现并（　　）输油气生产及安全的问题。

A. 监控　　　　　B. 解决　　　　　C. 潜在风险　　　D. 危害分析

64. BC02 专业检查后发现的问题要形成（　　），逐项进行跟踪，直至问题关闭。

A. 问题清单　　　B. 控制措施　　　C. 报告　　　　　D. 检查表

65. BC03 锁定管理的部门锁是指在生产运行过程中或（　　）配合维（检）修作业中，为防止误操作导致的系统危险或造成的人员伤害、设备损毁，对停用的装置、设备、下游未投运的系统及需要锁定的设施进行锁定所用的锁具。

A. 单一工种　　　B. 多工种　　　　C. 电工　　　　　D. 维修工

66. BC03 锁定管理的锁定是指在检（维）修作业状态下，为了防止误操作导致原油、成品油、天然气、电能等意外（　　），对一经操作就会产生危险的设备用个人锁进行上锁，以保护作业人员人身安全。

A. 伤害　　　　　B. 事故　　　　　C. 泄漏　　　　　D. 伤亡

67. BC03 锁定管理的锁吊牌是指和锁具配套使用，表明锁具只能由专人上锁或解锁。内容为上锁或解锁人员姓名、所属（　　）、锁定预计完成时间等。

A. 专业　　　　　B. 岗位　　　　　C. 工种　　　　　D. 部门

68. BC03 锁定管理是一个系统的工程，它的应用既可以从最简单的单体上锁开始，也可以深入地完成系统或成套设备整体（　　），防止安全事故发生，是一种风险控制的有效的管理措施。

A. 管理　　　　　B. 锁定　　　　　C. 完善　　　　　D. 修复

69. BC03 锁定管理是一种提高安全管理水平、减少安全事故发生的有效手段，是指采取一定的措施，使用一定的机械装置，在满足工艺要求的前提下，保持设备状态（　　），防止因误动作和误操作而引起的人员伤害和设备损坏。

A. 变化　　　　　B. 改变　　　　　C. 不变　　　　　D. 良好

70. BC03 个人锁领用牌是指申请使用个人锁前，先（　　）并填写该牌，并将该牌挂在锁具管理板上。该牌为正反两面，正面为"个人锁领用牌"，背面为"领用人、领用时间、使用地点"。

    A. 申请   B. 批准   C. 审核   D. 审定

71. BC03 锁定管理的个人锁是指在进行检维修作业时，为了防止误操作导致原油、成品油、天然气、电能等意外泄漏，对可能产生危险的(   )由作业人员自己进行锁定所用的锁具。

    A. 设施   B. 机泵   C. 储罐   D. 部位

72. BC04 作业现场是由人物和环境所构成的一个生产场所，它实际上也是一个"(   )"。

    A. 自然环境   B. 环境因素   C. 人工环境   D. 环境条件

73. BC04 人的不安全行为分为有意识不安全行为和无意识不安全行为(   )。

    A. 三大类   B. 四大类   C. 两大类   D. 五大类

74. BC04 有意识不安全行为是指行为者为追求行为后果价值对行为的性质及行为风险具有一定认识的思想基础上，表现出来的(   )。

    A. 安全行为   B. 不安全行为   C. 安全意识   D. 无意识

75. BC04 有意不安全行为动机是对行为后果价值过分追求的动力和对自己行为能力的盲目自信，造成行为风险估量的(   )。

    A. 识别   B. 判断   C. 错误   D. 正确

76. BC04 人不安全行为的类型之一：安全知识匮乏型，此类人员因参加工作时间短、缺乏系统的(   )，安全生产知识不足。

    A. 生产技术   B. 安全培训   C. 技术培训   D. 技能培训

工程项目管理部分

77. BD01 根据 E 版体系文件要求，专项维修项目费用一般控制在(   )范围。

    A. 20 万元以上   B. 20 万元以下，10 万以上

    C. 20 万元以下，2 万元以上   D. 2 万元以下

78. BD03 按照施工组织设计编制程序的要求，确定施工的总体部署后，接下来应该进行的工作是(   )。

    A. 拟定施工方案   B. 编制施工总进度计划

    C. 编制施工准备工作计划   D. 施工总平面图设计

79. BD03 20 万元以上项目不能通过(   )方式进行选商。

    A. 招标   B. 直接选商   C. 谈判   D. 询价

80. BD04 竣工结算在(   )之后进行。

    A. 施工全部完毕   B. 保修期满

    C. 试车合格   D. 竣工验收报告批准

工艺基础管理部分

81. BE01 工艺基础技术资料档案管理工作实行(   )的原则，维护档案完整与安全，坚持资源整合和资源开发，为站队各项安全生产工作提供有效服务。

    A. 统一领导、集中管理   B. 统一领导、分级管理

C. 分级领导、集中管理　　　　　　　　　　D. 分级领导、分级管理

82. BE01 归档的工艺基础技术文件材料应为(　　)，一般一式一份(套)。

A. 原件　　　　　　　B. 复印件　　　　　　C. 扫描件　　　　　　D. 图片

83. BE01 归档文件材料的载体和字迹须符合(　　)要求，装订应使用不易生锈材料。

A. 临时性　　　　　　B. 准确性　　　　　　C. 完整性　　　　　　D. 耐久性

84. BE01 (　　)在洗印、录制完毕后及时归档、移交。

A. 声像档案　　　　　B. 实物档案　　　　　C. 设备仪器档案　　　D. 基本建设项目

85. BE01 (　　)档案的收集、归档、整理具体执行《档案管理程序》。

A. 基本建设项目　　　B. 声像　　　　　　　C. 设备仪器　　　　　D. 实物

86. BE01 (　　)档案的收集、归档整理具体执行《基本建设项目档案管理规定》。

A. 基本建设项目　　　B. 声像　　　　　　　C. 设备仪器　　　　　D. 实物

87. BE01 (　　)是生产记录的唯一性标识。

A. 记录名称　　　　　B. 记录顺序号　　　　C. 记录编号　　　　　D. 记录内容

88. BE02 站内管道部件是指与管道相关的支撑、支架、卡箍以及(　　)和保温层等附属设施。

A. 螺栓　　　　　　　B. 防腐层　　　　　　C. 设备　　　　　　　D. 法兰

89. BE02 站内管道及设备工艺编号，不得随意改变；如确需改变时，由(　　)向生产处申请，生产处批复后，通知运行调控单位后，方可进行。

A. 技术员　　　　　　B. 站长　　　　　　　C. 分公司　　　　　　D. 生产站长

90. BE02 站内管道使用须按设计压力和(　　)使用，不得超压运行。

A. 工作压力　　　　　B. 工作温度　　　　　C. 设计温度　　　　　D. 工作流量

91. BE03 ERP 系统是(　　)的简称。

A. 企业资源计划　　　　　　　　　　　　　B. 企业管理系统

C. 中石油管道生产系统　　　　　　　　　　D. 企业信息系统

92. BE03 ERP 系统的功能不包括(　　)。

A. 设备管理　　　　　B. 财务管理　　　　　C. 库存管理　　　　　D. 合同管理

93. BE03 创建通知单的事务代码是(　　)。

A. iw31　　　　　　　B. iw21　　　　　　　C. iw22　　　　　　　D. iw38

94. BE03 非线路类自行处理业务使用的工单类型代码为(　　)。

A. GX11　　　　　　　B. GX12　　　　　　　C. ZC11　　　　　　　D. ZC12

95. BE03 兰郑长管线长沙段是属于(　　)类型的功能位置。

A. 组织结构类　　　　B. 物理空间类　　　　C. 线路类　　　　　　D. 非线路类

96. BE03 快速处理流程所使用的通知单类型为(　　)。

A. Z1　　　　　　　　B. Z2　　　　　　　　C. Z3　　　　　　　　D. Z4

97. BE03 非线路类故障保修单的通知单类型是(　　)。

A. Z1　　　　　　　　B. Z2　　　　　　　　C. Z3　　　　　　　　D. X1

98. BE03 线路类快速处理业务流程与非线路类快速处理业务流程的区别在于，线路类快速处理业务流程需要填写(　　)确定维修位置。

A. 地址　　　　　　　B. 位置数据　　　　　C. 计量凭证　　　　　D. 功能位置

99. BE03 管道生产管理系统(2.0 版)的内网网址是(　　　)。

A. http：//pps. petrochina

B. http：//ppsv2. petrochina

C. https：//pps. petrochina. com. cn

D. https：//pps. petrochina. com

100. BE03 内部用户通过内网登录 PPS 系统的方式是(　　　)。

A. 用户名密码

B. 手机号码及密码

C. 中国石油邮箱及密码

D. 使用 UKey 通过统一身份验证

101. BE03 PPS 系统是(　　　)的简称。

A. 中国石油管道生产系统

B. 管道泄漏检测系统

C. 生产指挥系统

D. 企业管理系统

二、判断题(对的画"√"，错的画"×")

第一部分　基础知识

输油管道输送技术部分

(　　　)1. AA01 输油管道紊流流态可分为水力光滑区、混合摩擦区和阻力平方区三个区域。

(　　　)2. AA01 输油管道压能损耗包括两部分：一是克服地形高差所需的位能；二是油流的摩阻损失。

(　　　)3. AA01 输油管道摩阻损失包括沿程摩阻和高程差压力损失。

(　　　)4. AA01 等温输油管道有时候也需要考虑油流和周围介质的热交换。

(　　　)5. AA01 泵站工作特性可由单泵特性(曲线)先串联相加然后并联而得，也可先并联然后串联相加而得。

(　　　)6. AA01 等温输油管道的水力坡降线一般是直线，只是在高差较大时才会成曲线。

(　　　)7. AA01 离心输油泵串联组合的特点是通过每台泵的排量基本相同，均等于泵站的排量，泵站的扬程等于各台泵扬程之和。

(　　　)8. AA01 离心输油泵并联组合的特点是每台泵提供的扬程相同，均等于泵站的扬程，泵站的排量等于各泵排量之和。

(　　　)9. AA01 热油管道的工艺计算包括水力计算和热力计算两部分，摩阻损失和热损失有时候相互联系、相互影响。

(　　　)10. AA01 热油管道先进行热力计算然后进行水力计算。

(　　　)11. AA01 在两个输油加热站之间的管路上，油流沿线温度梯度基本上是相同的。

(　　　)12. AA01 总传热系数 K 是指管道在输送介质与周围介质之间传递热量的强弱程度。

(　　　)13. AA01 在两个输油加热站之间的管路上，油流沿线温度梯度是不同的，离出站较近的管段油流温降较快，而在之后的管段油流温降就较慢。

(　　　)14. AA01 我国在设计埋地热油管道中大都采用经验方法来确定总传热系数。

(　　　)15. AA01 热油管道的水力坡降不是定值(直线)，这是因为随着油品温度不断下降，油品的黏度不断增加，摩阻也不断增加。

（　　）16. AA01 热油管道的水力计算是以泵站间距作为一个计算单元，因为只有在泵站间的管道内油品的黏度变化才是连续的。

（　　）17. AA01 热油管道设计时，在初步确定加热站和泵站数后，需调整加热站和泵站位置，尽量合并设置以节省投资和方便管理。

（　　）18. AA01 加热输送分为点加热和线加热。点加热即沿线逐站加热，线加热是对全部线路管道采取加热措施并加保温层。

（　　）19. AA02 加热输送是输油管道降低原油凝点的方式。

（　　）20. AA02 热处理、添加降凝剂、综合处理等是输油管道降低原油凝点的方式。

（　　）21. AA02 含蜡原油的热处理是指将原油加热到一定温度，然后自然冷却的方式。

（　　）22. AA02 加热输送是输油管道降低原油黏度的一种方式。

（　　）23. AA02 加热输送对输油管道降低高黏原油黏度来说在经济上是可行的。

（　　）24. AA02 高黏原油在常温下黏度很高，但在较高温度时黏度下降明显。

（　　）25. AA03 输油管道泵站提供的总压能和管道所需的总压能基本相等。

（　　）26. AA03 输油管道工况调节方法之一：调节离心式输油泵的转速可以改变输油站的工作特性，从而使压能的供需在输量变化很大的情况下达到新的平衡。

（　　）27. AA03 输油管道工况调节方法之一：减小输油泵站出站调节阀的开度，以增加管路局部摩阻的方式来改变管道工作特性，使压能的供需在新的输量下达到平衡。

输气管道输送技术部分

（　　）28. AB01 理想气体的压缩因子在一定条件下可以忽略。

（　　）29. AB01 输气管道的结算气量都是指天然气在标准状态下的体积。

（　　）30. AB01 天然气管道输差和输气站自用气基本上没有关系。

（　　）31. AB01 输气管道在冬季的输送能力高于夏季。

（　　）32. AB01 输气管道进出气量平衡时，平均压力正好等于起点压力和终点压力之和的一半。

（　　）33. AB01 输气管道的结算气量是指天然气在标准状态下的体积。

（　　）34. AB01 输气管道严密性试验的稳压时间不应大于 4 小时。

（　　）35. AB01 输气管道内涂层不仅可以减阻提高输气量，还有防腐的功能。

（　　）36. AB01 输气管道进出气量平衡时，平均压力正好等于起点压力和终点压力之和的一半。

（　　）37. AB01 输气场站高低压放空管线应分别设置，低压放空管线宜设置止回阀。

（　　）38. AB01 输气站场高低压管线应分别设置。

（　　）39. AB02 提高管道起点压力或降低管道终点压力都可以提高输气管道的输量。

（　　）40. AB02 同时提高管道起点压力和终点压力可以提高输气管道的输量。

（　　）41. AB02 输气管道铺设变径管的目的是为了增大输量。

（　　）42. AB02 在压差不变的情况下，同时提高管道起点和终点压力能增大输量。

（　　）43. AB02 当输气管道需要增加输量时，应扩建压气站或新建压气站。

输油管道投产部分

（　　）44. AC01 输油管道投产采用空管投油方式时，在油头出站后发送一个清管器，有利于排尽油品前端的气体。

（　　）45. AC01 输油管道投产方式主要有空管投油、部分充水投油或全线水联运投油等。

（　　）46. AC01 输油管道投产采用部分充水投油方式时，油和水之间需加隔离球，水头和空气之间不加隔离球。

（　　）47. AC01 输油管道投产采用全线水联运投油方式，有利于在全线水联运期间处理所出现的问题。

（　　）48. AC01 站队工艺工程师负责制订所在站队投产培训计划需求，并参与投产培训。

（　　）49. AC01 输油管道临时设施管线及设备的设计压力可略低于主体管道的设计压力。

（　　）50. AC01 站队工艺工程师负责或协助编制投产实施细则，负责或组织编写投产操作票。

（　　）51. AC01 输油管道空管投油注氮方式主要有液氮车注氮、制氮车注氮、氮气瓶注氮等。

（　　）52. AC01 输油管道投产期间应识别投产风险并制定相应的应急处理措施。

（　　）53. AC01 为了保证投产后的运行安全，输油管道投产前应进行站间通球扫线、测径，对管道通过能力进行检验。

输气管道投产部分

（　　）54. AC02 天然气管道投产全线置换期间，不同气体界面之间加清管器隔离起不到减少混气的作用。

（　　）55. AC02 天然气管道注醇投产的目的是降低天然气的水露点，避免天然气经过调压阀节流后产生冰堵。

（　　）56. AC02 输气管道投产，如果天然气经过调压阀后不产生冰堵，不管差压多大都可以采用一级调压方式。

（　　）57. AC02 输气管道投产初期应将设备仪表管线上的阀门关闭，避免进气初期管道中的液体和杂质进入仪表管线损害设备。

（　　）58. AC02 天然气管道投产期间由于上游供气压力较高，全线置换升压期间管道进气点应用压力调节阀进行节流降压。

（　　）59. AC02 输气管道常用的注氮方式有液氮车注氮、制氮车注氮和液氮瓶注氮等。

（　　）60. AC02 输气管道投产，天然气置换合格后应按投产方案进行全线升压并分阶段进行稳压检漏。

（　　）61. AC02 输气管道投产气头检测方式，一般有定点检测和跟踪气头检测两种方式。

（　　）62. AC022 输气管道投产全线置换期间的引气放空点不宜设在中间站场。

（　　）63. AC02 输气管道投产一般采用管道全部充氮置换方式。

第二部分　专业知识

工艺技术管理部分

（　　　）64. BA01 当中控人员进行操作时，站内人员做好该命令执行情况的现场确认，并且站控系统中设备的显示应根据实际不发生改变。

（　　　）65. BA01 发生干线漏油后，泄漏点上游流量增大，进、出站压力减小；泄漏点下游流量减小，进、出站压力减小。

（　　　）66. BA01 若发生泄漏事故位置和下游泵站均处于上坡段，可以直接停泵并关闭泄漏点下游阀室。

（　　　）67. BA01 通过改变运行的泵站数或泵机组数的方法进行工艺优化调整范围大，适合于输量波动较大的场合。

（　　　）68. BA01 节流是会造成流体的压能损失，是一种不经济的工况调节方法。

（　　　）69. BA02 操作票中可以不包含风险识别和应急响应。

（　　　）70. BA03 工艺工程师不负责组织相关人员进行工艺及控制参数变更培训。

（　　　）71. BA04 月度工作计划制订并通过审批后方可实施，实施过程中要做到组织有序、执行到位，不得随意对计划进行更改。

（　　　）72. BA05 程序文件以作业文件为基础。

（　　　）73. BA06 发生自然灾害后输油气管道不宜进行清管作业，以免造成卡球事故。

（　　　）74. BA06 对于含有硬蜡的管道进行清管作业，宜采用磁力清管器。

（　　　）75. BA06 天然气管道清管器的运行速度宜控制在 $1\sim2m/s$。

（　　　）76. BA06 清管前两天到三天，加热输送的原油管道应提高进站油温 $1\sim2℃$。

（　　　）77. BA07 采用混油处理装置（拔头）对混油进行回炼，可以将不同标号的汽油进行分离。

（　　　）78. BA08 站内工艺管网投产方案中需要包括应急处置。

站内管道及部件的管理部分

（　　　）79. BB01 工艺工程师在进行站内巡检过程中，不需要对工艺参数和工况数据进行准确比对分析。

（　　　）80. BB02 站内管道及部件的维护工作，如对管道输量影响较大，应在保证安全的条件下进行，或者安排在上游单位、下游用户进行设备检修时进行。

（　　　）81. BB03 管道及部件的检修工作不需要对作业过程与结果进行总结分析。

工艺安全管理部分

（　　　）82. BC01 工艺风险与可操作分析方法是针对化学装置的一种危险性评价方法。该方法称为工艺安全分析，也称危险与可操作性分析，简称 HAZOP 分析。

（　　　）83. BC01 HAZOP 分析是一种用于辨识设计缺陷、工艺过程危害及操作性问题的结构化分析方法，方法的本质就是通过系列的会议对工艺图纸和操作规程进行分析。

（　　　）84. BC01 HAZOP 分析使用引导词的一个目的就是为了保证对所有工艺参数的偏

差都进行分析，并分析它们的可能原因、后果和已有安全保护措施等，同时提出应该采取的设计方案。

（　　）85. BC01 HAZOP 分析过程中，由各专业人员组成的分析组按规定的方式系统地研究每一个单元（即分析节点），分析偏离设计、工艺条件的偏差所导致的危险和可操作性问题。

（　　）86. BC01 HAZOP 分析的侧重点是工艺部分或操作步骤的各种具体值，其基本过程就是以引导词为引导，对过程中工艺状态（参数）可能出现的变化（偏差）加以分析，找出其可能导致的危害。

（　　）87. BC01 HAZOP 分析方法明显不同于其他分析方法，它是一个系统工程。HAZOP 分析必须由相同专业组成的分析组来完成。

（　　）88. BC01 HAZOP 分析的这种群体方式的主要优点在于能相互促进、开拓思路，这也是 HAZOP 分析的核心内容。

（　　）89. BC01 HAZOP 分析查找工艺设施，提出安全措施或异常工况的控制方案，避免安全事故发生和控制对生产的影响。

（　　）90. BC01 根据统计资料，由于设计不良，将不安全因素带入生产中而造成的事故约占总事故的 25%。为此，在设计开始时就应注意消除系统的危险性，可以极大提高企业生产的安全性和可靠性。

（　　）91. BC01 危险与可操作性分析就是找出系统运行过程中工艺状态参数（如温度、压力、流量等）的变动以及操作、控制中可能出现的变化，然后分析每一偏差产生的原因和造成的后果。

（　　）92. BC01 HAZOP 分析查找工艺漏洞，提出安全措施或异常工况的控制方案，避免安全事故发生和控制对生产的影响。

（　　）93. BC01 HAZOP 分析是一种危险与可操作性的分析工具，最适用于在设计阶段后期对操作设施进行检查或者在现有设施做出变更时进行分析。

（　　）94. BC01 HAZOP 分析查找工艺漏洞，提出安全措施或异常工况的控制方案，避免安全事故发生和控制对生产的影响。

（　　）95. BC01 在役站场的 HAZOP 分析原则上每 5 年进行一次，站场发生与工艺有关的较大事故后应及时开展 HAZOP 分析，站场进行工艺变更之前，企业应根据实际情况开展 HAZOP 分析。

（　　）96. BC02 专业性检查采用的检查表是进行安全生产检查，发现生产技术问题、生产工况数据采集和数据分析，查明安全生产危险和隐患，监督各项安全生产规章制度的实施，及时识别生产过程中潜在的风险，发现事故隐患，及时制止违章行为的一个有力工具。

（　　）97. BC02 专业性检查的检查结果处理一般采用：表扬在检查中发现的工作亮点，及时推广技术创新等；指出检查发现的问题；提出改进意见和整改措施。

（　　）98. BC02 专业性检查时应采用检查表检查，必须注意信息的反馈及整改。对查出的问题，凡是检查者当时能督促整改和解决的问题，应提出问题清单列入计划安排解决。

（　　）99. BC03 锁定管理是一种提高安全管理水平减少安全事故发生的有效手段，是指采取一定的措施，使用一定的机械装置，在满足工艺要求的前提下，保持设备状态不变，防止因误动作和误操作而引起的人员伤害和设备损坏。

（   ）100. BC03 部门锁是指在生产运行过程中或多工种配合维（检）修作业中，为防止误操作导致的系统危险或造成的人员伤害、设备损毁，对停用的装置、设备、下游未投运的系统及需要锁定的设施进行锁定所用的锁具。

（   ）101. BC03 锁定是指在检维修作业状态下，为了防止误操作导致原油、成品油、天然气、电能等意外泄漏，对一经操作就会产生危险的设备用个人锁进行上锁，以保护作业人员人身安全。

（   ）102. BC03 个人锁是指在进行检维修作业时，为了防止误操作导致原油、成品油、天然气、电能等意外泄漏，对可能产生危险的设施由监督人员自行进行锁定所用的锁具。

（   ）103. BC04 无意识不安全行为是指行为者在行为时不知道行为的危险性，或者没有掌握该项作业的安全技术，不能正确地进行安全操作。

（   ）104. BC04 有意识不安全行为是指行为者明知故犯，此类人员尽管受过系统的安全培训，掌握了基本的安全生产知识，但忙于完成任务，而不按规章制度作业。

（   ）105. BC04 无意识不安全行为是指行为者思想麻痹，此类人员总认为自己工作多年了，干惯了，习惯了，存在麻痹大意思想。

（   ）106. BC04 人的不安全行为是无法完全消灭的，可通过规范人的行为方式，最大限度地减少人的不安全行为。

（   ）107. BC04 物的不安全状态分为防护、保险、信号等装置及个人防护用品、用具缺少或有缺陷；设备、设施、工具、附件有缺陷；管理无制度、无措施等缺陷；以及生产（施工）场地环境不良等 4 大类。

（   ）108. BC04 作业现场风险评价是根据现场的风险识别，采用矩阵或 LEC 法进行风险评价，确定危害等级，制订控制措施。使之达到可承受的程度。

工程项目管理部分

（   ）109. BD01 固定资产投资又称为费用化支出。

（   ）110. BD01 修理项目投资又称为费用化支出。

（   ）111. BD03 所属单位负责计划投资 20 万元以下维修工程项目承包方的准入审查审批和日常管理。

（   ）112. BD03 新建项目、计划投资在 20 万元以上的更改大修工程项目必须由公司统一办理市场准入。

（   ）113. BD03 所有项目选商必须从公司市场准入企业中选择。

（   ）114. BD04 项目管理单位需在每月 25 日向计划科报工程进度确认单。

工艺基础管理部分

（   ）115. BE01 工艺设备定型、科研成果鉴定、基本建设项目竣工验收等有关活动中，工艺工程师必须参加，负责有关文件材料的验收。没有完整、准确、系统的文件材料，不得验收或鉴定。

（   ）116. BE01 归档纸制技术材料的同时，相应的电子文件无须一并归档。

（   ）117. BE01 工艺基础技术资料包括工艺类设计图纸、工艺设备说明书、行业标准等资料。

（　　）118. BE01 按照类目设置要求和生产实际运行需求，工艺基础技术资料档案的二级类目分为生产技术管理类和基本建设类。

（　　）119. BE01 采用英文字母与阿拉伯数字相结合的混合编号制。

（　　）120. BE01 工程管理类档案包括：综合文件、工程管理条例、生产组织、工程质量及进度管理等。

（　　）121. BE01 站场人员需要检索查询或借阅已归档的记录，须经所在站队技术员批准。

（　　）122. BE02 站内管道工艺流程及设备编号是生产运行操作控制的基础，站内工艺系统管道、设备等应进行工艺编号，自控系统则不用进行工艺编号。

（　　）123. BE02 站内管道及部件的更新改造和大修理工程项目，执行《站场工艺和设施变更管理规定》。

（　　）124. BE02 站内关键和主要工艺管道埋地部分根据具体条件，可结合其他施工开挖时进行检测。

（　　）125. BE02 输油(气)站编制本站当年的《站内管道及部件检测计划》，报所隶属的输油气单位。

（　　）126. BE03 工单中的 PM 作业类型必须由填报人员手动输入选择。

（　　）127. BE03 线路类的工单，必须关联创建线路类的作业记录单或报修单。

（　　）128. BE03 管道公司每个二级单位都有多个公司代码。

（　　）129. BE03 录入巡检结果时，可以录入现在和过去的，但是不能录入未来的时间。

（　　）130. BE03 线路类通知单类型由 Z 开头，非线路类由 X 开头。

（　　）131. BE03 搜索工单时，勾选"已完成"会搜索到处于下达状态的工单。

（　　）132. BE03 搜索工单时，勾选"未清"会搜索到处于编辑或者待审状态的工单。

（　　）133. BE03 数据在各业务系统之间高度共享，所有源数据只需在某一个系统中输入一次，保证了数据的一致性。

（　　）134. BE03 在填写计划总揽时，报告者指的是填写工单的人员。

（　　）135. BE03 系统操作人员无须经过本单位的计算机基本技能和系统操作培训，就可进行 PPS 系统单独上机操作。

（　　）136. BE03 操作人员每次录入数据时将现场数据与系统数据核对，在确认数据完全一致后，方可保存上报，并对上报数据负责。

（　　）137. BE03 在 PPS 系统中，若数据填报过程中出现错误，可通过"运维需求在线管理"中的"数据修改申请"来重新填报。

三、简答题

第一部分　基础知识

输油管道输送技术部分

1. AA01 简述等温输油管道的主要特点？

2. AA01 简述输油管道摩阻损失？

3. AA01 简述热油管道输送的主要特点？

4. AA02 简述含蜡原油的热处理工艺？

5. AA02 输油管道降低原油凝点的方式主要有哪些？

6. AA02 输油管道降低原油黏度的方式主要有哪些？

7. AA03 简述输油管道工况调节的目的和方法？

8. AA03 简述输油泵站工作特性的主要调节方式？

9. AA03 简述输油管道工作特性的主要调节方式？

输气管道输送技术部分

10. AB01 什么叫天然气的标准体积？

11. AB01 气体状态方程式中压力、温度、体积应使用什么单位？

12. AB02 简述天然气的压缩因子和压力的关系，在高压区和低压区时压缩因子的变化幅度？

13. AB01 简述管道末段储气调峰？

14. AB02 地下储气库有哪些主要优点？

15. AB02 地下储气库主要有哪些类型？

输油管道投产部分

16. AC01 简述输油管道"全线水联运投油"的优点？

17. AC01 简述输油管道"空管投油"投产方式？

18. AC01 简述输油管道"部分充水投油"投产方式？

输气管道投产部分

19. AC02 简述输气管道投产的主要方式和原则？

20. AC02 简述输气管道投产期间干线上游来气调压方式？

21. AC02 天然气管道投产，线路管道和站场的置换有几种配合方式？

第二部分　专业知识

工艺技术管理部分

22. BA01 输油站场站 ESD 具体如何执行？

23. BA01 出现清管器卡堵的处理方法？

24. BA01 什么是工艺运行优化？

25. BA05 什么是作业文件？

26. BA07 简述混油段切割方法？

站内管道及部件的管理部分

27. BB02 编制维护保养计划需考虑那些原则？

工艺安全管理部分

28. BC01 HAZOP 分析的适用范围？

29. BC01 HAZOP 分析方法的特点？

30. BC01 HAZOP 分析原则？

31. BC021 专业安全生产检查前的准备工作？

32. BC022 专业性检查方法有哪些？

33. BC02 检查表的编制依据有哪些？

34. BC02 工艺专业检查，在检查生产运行记录时应检查哪些内容？

35. BC02 工艺专业检查，在检查生产现场检查时应检查哪些内容？

36. BC02 工艺专业检查，在操作员生产技术考核时应有哪些内容？

37. BC03 部门锁锁定管理原则？

38. BC03 锁定管理的锁定特殊要求？

39. BC03 个人锁锁定管理原则？

40. BC04 什么是人的无意识不安全行为？

41. BC04 人的有意不安全行为的动机有哪些？

工程项目管理部分

42. BD01 简述固定资产投资的定义？

43. BD01 简述修理项目投资的定义？

工艺基础管理部分

44. BE01 归档文件材料必须齐全、完整、准确，具体含义是指什么？

45. BE02 请简述站内管道及部件的概念？

46. BE03ERP 巡检结果录入主要包括哪几个部分？

47. BE03 管道公司 ERP 设备管理模块的实施覆盖了哪 4 个管理层面？

48. BE03 如何在 ERP 系统上查看站内管道台账？

49. BE03 什么是非线路类快速处理业务？

50. BE03 什么是线路类自行处理业务？

51. BE03 故障维修的开始/结束日期如何选择？

52. BE03 PPS 系统应用的考核与奖惩方法是什么？

初级资质理论认证试题答案

一、选择题答案

1. B	2. A	3. C	4. D	5. A	6. B	7. C	8. A	9. A	10. B
11. C	12. D	13. D	14. C	15. C	16. A	17. B	18. C	19. A	20. B

21. A　22. B　23. D　24. A　25. D　26. D　27. C　28. A　29. C　30. D

31. C　32. D　33. D　34. B　35. D　36. D　37. C　38. A　39. D　40. B

41. C　42. A　43. D　44. B　45. D　46. A　47. A　48. B　49. C　50. A

51. C　52. D　53. D　54. C　55. B　56. D　57. D　58. C　59. D　60. D

61. A　62. B　63. B　64. A　65. D　66. C　67. D　68. C　69. D　70. A

71. A　72. C　73. C　74. B　75. C　76. B　77. C　78. A　79. B　80. D

81. B　82. A　83. D　84. A　85. B　86. A　87. C　88. B　89. C　90. A

91. C　92. D　93. C　94. D　95. C　96. C　97. B　98. C　99. B　100. D

101. A

二、判断题答案

1. ×输油管道紊流流态可分为水力光滑区、混合摩擦区和粗糙区三个区域。　2. √
3. ×输油管道摩阻损失包括沿程摩阻和局部摩阻。　4. ×等温输油管道不需要考虑油流和周围介质的热交换。　5. √　6. ×等温输油管道的水力坡降线是一条斜率为一定数值的直线，如果影响水力坡降的因素之一发生变化，斜率就会改变，但水力坡降线仍为直线。　7. ×离心输油泵串联组合的特点是通过每台泵的排量相同，均等于泵站的排量，泵站的扬程等于各台泵扬程之和。　8. √　9. ×热油管道的工艺计算包括水力计算和热力计算两部分，摩阻损失和热损失相互联系、相互影响。　10. √　11. ×在两个输油加热站之间的管路上，油流沿线温度梯度是不同的。离出站较近的管段油品温度较高，油流与周围介质的温差较大温降就快。而在之后的管段，油品温度较低，温降就减慢。　12. ×总传热系数 K 指当油流与周围介质的温差为1℃时，单位时间内通过每平方米传热表面所传递的热量，它表示油流至周围介质散热的强弱。　13. √　14. √　15. √　16. ×热油管道的水力计算是以加热站间距作为一个计算单元，因为只有在加热站间的管道内油品的黏度变化才是连续的。　17. √　18. √

19. ×加热输送能提高原油温度防止凝管，并不能降低原油的凝点。　20. √　21. ×含蜡原油的热处理是指将原油加热到一定温度，通过控制降温速度和冷却方式，达到降低原油凝点的目的。　22. √　23. ×加热输送对输油管道降低高黏原油黏度来说在经济上不可行。
24. ×高黏原油不仅在常温下黏度很高，即使在较高温度时仍具有较高的黏度。　25. ×输油管道泵站提供的总压能和管道所需的总压能相等，或提供的总压能略大于管道所需的总压能。　26. ×输油管道工况调节方法之一：调节离心式输油泵的转速可以改变输油站的工作特性，从而使压能的供需在输量变化较小的情况下达到新的平衡。　27. √　28. ×理想气体的压缩性可以忽略，理想气体的压缩因子恒为1。　29. √　30. ×天然气管道输差和输气站自用气有关。　31. √　32. ×输气管道进出气量平衡时，平均压力大于起点压力和终点压力之和的一半。　33. √　34. ×输气管道严密性试验的稳压时间为24小时。　35. √　36. ×输气管道进出气量平衡时，平均压力大于起点压力和终点压力之和的一半。　37. √　38. √
39. √　40. ×同时提高管道起点压力和终点压力不一定能提高输气管道的输量，因为输气管道的输量取决于管道起点压力、管道终点压力以及管道起点压力和终点压力之差等综合因素。　41. ×输气管道铺设增大变径管的目的是为了增大输量。　42. √　43. ×当需要增加的输量达到一定程度时，应扩建压气站或新建压气站。　44.√　45.√　46.×输油管道投产采用部分充水投油方式时，油和水之间需加隔离球，水头和空气之间也需加隔离球。47.√　48.√　49.×临时设施管线及设备的设计压力不应低于主体管道的设计压力。50.√　51.√　52.×输油管道投产前应识别投产风险并制订相应的应急处理措施。　53.√　54.√　55.√　56.×如果天然气经过调压阀后温度低到可能影响管道材质的程度，即使不产生冰堵，也应采用两级调压方式。　57.√　58.√　59.×输气管道常用的注氮方式有液氮车注氮、制氮车注氮和氮气瓶注氮等。　60.√　61.√　62.√　63.×输气管道投产一般采用管道部分充氮置换方式。　64.×当中控人员进行操作时，站内人员做好该命令执行情况的现场确认，并且站控系统中设备的显示应根据实际发生改变。　65.√　66.×若发生泄漏事故位置和下游泵站均处于上坡段，则应尽量抽低下游泵入口压力再停泵，并关闭泄漏点下游阀室。　67.√　68.√　69.×操作票中包含风险识别和应急响应。　70.×工艺工程师负责组织相关人员进行工艺及控制参数变更培训。　71.√　72.×作业文件以程序文件为基础。　73.×发生自然灾害后输油气管道宜进行清管作业，判定管道变形情况。　74.×对于含有硬蜡的管道进行清管作业，宜采用钢刷清管器。　75.×天然气管道清管器的运行速度宜控制在 3～5m/s。　76.√　77.×采用混油处理装置（拔头）对混油进行回炼，可以重新分离出汽油和柴油。　78.√　79.×工艺工程师在进行站内巡检过程中，需要对工艺参数和工况数据进行准确比对分析。　80.√　81.×管道及部件的检修工作需要对作业过程与结果进行总结分析。　82.√　83.√　84.×HAZOP 分析使用引导词的一个目的就是为了保证对所有工艺参数的偏差都进行分析，并分析它们的可能原因、后果和已有安全保护措施等，同时提出应该采取的安全保护措施。　85.√　86.√　87.×HAZOP 分析方法明显不同于其他分析方法，它是一个系统工程。HAZOP 分析必须由不同专业组成的分析组来完成。　88.√
89.×HAZOP 分析查找工艺漏洞，提出安全措施或异常工况的控制方案，避免安全事故发生和控制对生产的影响。　90.√　91.×危险与可操作性分析就是找出系统运行过程中工艺状态参数（如温度、压力、流量等）的变动以及操作、控制中可能出现的偏差或偏离，然后分析每一偏差产生的原因和造成的后果。　92.√　93.√　94.√　95.√　96.√　97.√
98.×专业性检查时应采用检查表检查，必须注意信息的反馈及整改。对查出的问题，凡是检查者当时能督促整改和解决的问题应立即解决，当时不能整改和解决的应进行反馈登记、汇总分析，提出问题清单列入计划安排解决。　99.√　100.√　101.√　102.×个人锁是指在进行检维修作业时，为了防止误操作导致原油、成品油、天然气、电能等意外泄漏，对可能产生危险的设施由作业人员自己进行锁定所用的锁具。　103.√　104.√　105.×有意识不安全行为是指行为者思想麻痹，此类人员总认为自己工作多年了，干惯了，习惯了，存在麻痹大意思想。　106.√　107.√　108.√　109.×固定资产投资又称为资本化支出。110.√　111.√　112.√　113.√　114.√　115.√　116.×归档纸制技术材料的同时，相应的电子文件一并归档。　117.√　118.×按照类目设置要求和生产实际运行需求，工艺基础技术资料档案的一级类目分为生产技术管理类和基本建设类。　119.√　120.×工程管理类档案包括：综合文件、工程管理条例、生产周报、工程质量及进度管理等。　121.×站场人员需要检索查询或借阅已归档的记录，须经所在站队负责人批准。　122.×站内管道工艺流程及设备编号是生产运行操作控制的基础，站内工艺系统管道、设备及自控系统等均应进行工艺编号。　123.√　124.√　125.×输油（气）站编制本站次年的《站内管道及部件检测计划》，报所隶属的输油气单位。 126.×工单中的 PM 作业类型是由工单里面填写的设备主数据带过来的。 127.√ 128.×管道公司每个二级单位都只有一个公司代码。 129.√ 130.×线路类通知单类型由 X 开头，非线路类由 Z 开头。 131.√ 132.√ 133.√ 134.×在填写计划总揽时，报告者指的是故障的发现者。 135.×系统操作人员必须经过本单位的计算机基本技能和系统操作培训后，方可进行 PPS 系统单独上机操作。 136.×操作人员每次录入数据时将现场数据与系统数据核对，在确认数据一致或在允许偏差范围内后，保存上报，并对上报数据负责。 137.√

三、简答题答案

第一部分 基础知识

1. AA01 简述等温输油管道的主要特点？

① 由于等温输油管道不需要考虑输送油品和周围介质的热交换，油品的能量损失只需考虑压力能的损耗，压力能损耗主要包括两部分；②一是克服地形高差所需的位能，只与管路沿线地形有关，不随流量的变化而变化；③二是克服油品沿管路流动过程中的摩擦及撞击引起的能量损失，称为摩阻损失；④摩阻损失又分为沿程摩阻和局部摩阻。

评分标准：答对①占 50%，答对②③各占 20%，答对④占 10%。

2. AA01 简述输油管道摩阻损失？

① 输油管道的摩阻损失根据产生原因分为两种：一是油品流过直管段所产生的摩阻损失，称为沿程摩阻；②二是油品流过管件、阀件、设备等缩产生的摩阻损失，称为局部摩阻；③长输管道的摩阻损失主要是沿程摩阻，局部摩阻只占很小一部分，站内摩阻以局部摩阻为主。

评分标准：答对①②各占 40%，答对③占 20%。

3. AA01 简述热油管道输送的主要特点？

主要特点为：①热油管道有两方面的能量损失：一是克服摩阻和高差的压能损失；二是油品与外界进行的热交换所引起的热能损失。因此，需要在沿线设置泵站和加热站；②热油管道的工艺计算包括水力计算和热力计算两部分，而且摩阻损失和热损失相互联系、相互影响，因此，热油管道在进行水力计算前需先进行热力计算；③热油管道需要根据油品黏度和凝点等物性来决定油流宜处于什么流态。

评分标准：答对①②各占 40%，答对③占 20%。

4. AA02 简述含蜡原油的热处理工艺？

① 将原油加热到一定温度，使其中的蜡充分溶解；②通过控制降温速度和冷却方式，达到降低原油凝点改善原油低温流动性的目的，这一过程称为含蜡原油的热处理。

评分标准：答对①占 30%，答对②占 70%。

5. AA02 输油管道降低原油凝点的方式主要有哪些？

① 热处理；②添加降凝剂；③综合处理；④天然气饱和输送；⑤水悬浮输送等。

评分标准：答对①~⑤各占 20%。

6. AA02 输油管道降低原油黏度的方式主要有哪些？

① 加热输送；②加降黏剂(减阻剂)输送；③稀释法输送；④乳化降黏输送；⑤掺热水

输送；⑥改质降凝输送等。

评分标准：答对①~⑤各占 15%，答对⑥占 25%。

7. AA03 简述输油管道工况调节的目的和方法？

输油管道工况调节是指当管道工况发生变化(一般指输量变化)时，①通过人为调节泵站的工作特性，即改变能量供给；②或人为调节管道的工作特性，即改变管道的能量消耗；③使之在新的工况条件下达到新的能量供需平衡，保持管道系统不间断、经济地输送油品。

评分标准：答对①、②各占 35%，答对③占 30%。

8. AA03 简述输油泵站工作特性的主要调节方式？

① 改变运行的泵站数或泵机组数。这种方法可以在较大范围内调节全线的压力供给，适用于数量波动大的情况。②泵机组调速。泵机组调速可以改变离心泵的工作特性，一般在输量变化较小时采用，也可以作为改变运行泵站数或泵机组数调节方式的辅助调节措施。③改变泵叶轮直径。改变离心泵的叶轮直径可以改变泵的工作特性。改变的方法主要是切削泵叶轮或更换转子减少泵的级数。泵叶轮切削后不能恢复，因此，在使用这一方法时应该保证叶轮在切削后管道的输量能够维持一个较长的时期。

评分标准：答对①②各占 35%，答对③占 30%。

9. AA03 简述输油管道工作特性的主要调节方式？

改变输油管道工作特性主要方式是：①采用增大或减小管道摩阻的方法，主要是通过调整泵站出站调节阀的开度来实现(常用的方式是关小泵站出站调节阀的开度)，以达到输量变化后管道系统能量供需重新达到平衡，这种调节方式常简称为节流调节；②节流调节是一种简单易行的调节管道工作特性的方式，在输量变化不大、压力调节幅度不大的情况下经常使用，尤其是在泵机组不能调速的情况下使用，节流调节的缺点是浪费能量。

评分标准：答对①②各占 50%。

10. AB01 什么叫天然气的标准体积？

① 天然气的标准体积是指将天然气在实际压力和温度状态下的体积换算成标准状态后的体积。②标准状态是指压力为 0.101325MPa(绝)，温度为 273.15K 的状态。

评分标准：答对①占 60%，答对②占 40%。

11. AB01 气体状态方程式中压力、温度、体积应使用什么单位？

① 压力为 MPa(绝压)，②温度为绝对温度(K)，③体积为 m^3，④标准状态下的体积为 m^3。

评分标准：答对①②③各占 30%，答对④占 10%。

12. AB02 简述天然气的压缩因子和压力的关系，在高压区和低压区时压缩因子的变化幅度。

① 天然气的压缩因子数值随着压力的升高而减小。②在低压区时压缩因子的变化幅度很小，在高压区时压缩因子的变化幅度较大。

评分标准：答对①和②各占 50%。

13. AB01 简述管道末段储气调峰？

① 利用天然气管道末段天然气压力在允许范围内的变化来改变管道中的存气量，达到调节用户用气量不均衡的目的。②这种调节方式只能调节昼夜或短时间内用户用气量的不均衡。

评分标准：答对①占 60%，答对②占 40%。

14. AB02 地下储气库有哪些主要优点?

地下储气库的主要优点有:①储存量大、②调峰范围广、③使用年限长、④安全系数大等。

评分标准:答对①和②各占 30%,答对③和④各占 20%。

15. AB02 地下储气库主要有哪些类型?

地下储气库的主要类型有:①枯竭油气藏储气库、②含水层储气库、③盐穴储气库和④废弃矿坑储气库。

评分标准:答对①②③各占 30%,答对④占 10%。

16. AC01 简述输油管道"全线水联运投油"的优点。

① 在此期间内完成全线单体设备、分系统调试,各种工况试运及自动化保护试运;②如果发生泄漏,全线水联运期间便于事故处理。

评分标准:答对①和②各占 50%。

17. AC01 简述输油管道"空管投油"投产方式。

① 油品进入管道前,在管道中充入适量氮气进行隔离的投油方式称为空管投油;②油头前加氮气可避免空管投油过程中油气与空气直接接触产生风险;③在油头出站后发送一个清管器,有利于排尽油品前端的气体;④空管投油一般用于低凝点油品常温输送管道的投产。

评分标准:答对①占 40%,答对②~④各占 20%。

18. AC01 简述输油管道"部分充水投油"投产方式。

① 油品进入管道前,先充入部分清水,随后进行油顶水的投油方式称为部分充水投油;②在充水期间可以完成部分单体设备试运和自动化系统的调试,而且,如果发生泄漏时,输水期间便于事故的处理;③部分充水投油一般用于水源相对匮乏不能满足全线充水时的输油管道投产;④如果是热油管道投产,部分充水为热水,提前为管道预热;⑤水头出站后和油头前各发送一个清管器,作用分别是排尽水头前的气体和减少油水混合。

评分标准:答对①占 40%,答对②~⑤各占 15%。

19. AC02 简述输气管道投产的主要方式和原则?

输气管道主要投产方式和原则有:①天然气和空气之间用惰性气体隔离,一般用氮气;②不同气体界面之间一般不加清管器隔离;③注氮方式分为管道部分注氮方式和管道全部注氮方式两种;④干线和站场一般采用同时置换的方式,特殊情况下站场单独进行置换;⑤输气管道投产期间干线的调压方式一般分为一级调压或两级调压,如果投产期间上游供气压力过高宜,采用两级调压方式;⑥投产期间如果天然气经过调压阀后可能产生冰堵,则需要在调压阀之前选择注入口进行注醇,以降低天然气的水露点,防止天然气节流后产生冰堵;⑦如果天然气经过调压阀后温度降低到可能影响管道材质的程度,即使不产生冰堵,也应采用两级调压方式。

评分标准:答对①~⑤各占 15%,答对⑥占 20%、⑦各占 5%。

20. AC02 简述输气管道投产期间干线上游来气调压方式?

① 输气管道投产期间干线上游来气的调压方式一般分为一级调压或两级调压;②当供气压力较高时,应采用两级调压方式,第二级调压点一般设在 1 号阀室;③两级同时调压期间,两个调压点之间管道的压力需保持在一个合适的数值上(由于是动态平衡,该数值允许有一定的波动范围);④如果天然气经过调压阀后温度降低到可能影响管道材质的程度,即使不产生冰堵,也应采用两级调压方式。

评分标准：答对①占 40%，答对②~④各占 20%。

21. AC02 天然气管道投产，线路管道和站场的置换有几种配合方式？

答：一般有两种：①线路管道和站场同时置换，即在干线氮气段经过站场期间对站场进行置换。②置换线路管道期间不对站场进行氮气置换，站场单独置换。

评分标准：答对①占 60%，答对②占 40%。

22. BA01 输油站场站 ESD 具体如何执行？

① 向站控和调控中心同时发出报警信号；②站内加热设施紧急停运；③泵站内泵机组紧急停机；④关闭站场进、出口阀；⑤关闭泵站内泵机组的进、出口阀。

评分标准：答对①~⑤各占 20%。

23. BA01 出现清管器卡堵的处理方法？

① 清管器发生卡堵后，应提升清管器上游泵站出站压力，增大清管器上游流量，对清管器进行挤顶；②当上下游泵站压力已提到最大限值时，下游流量仍无变化，应立即发送带有定位装置的清管器进行挤顶，以消除卡堵或对卡堵清管器进行定位；③带定位装置的清管器停止于管线中，说明挤顶无效，此位置即为卡堵位，此时需全线紧急停输，保证管道安全；④按程序汇报调度，并通知上下游相关单位；⑤做好事件记录；⑥配合维(抢)修队伍进行抢险处理。

评分标准：答对①~④各占 20%，答对⑤⑥各占 10%。

24. BA01 什么是工艺运行优化？

① 工艺运行优化是通过改变管道的能量供应或改变管道的能量消耗；②使之在给定的输量条件下，达到新的能量供需平衡，保持管道系统不间断、经济地运行。

评分标准：答对①占 40%，答对②占 60%。

25. BA05 什么是作业文件？

①作业文件是以程序文件为基础，通过识别并分析程序文件所含各项作业或活动；②从而针对作业或活动设置的为作业提供具体的、可操作的操作方法、步骤，要求和行为准则的一类指导性文件。

评分标准：答对①②各占 50%。

26. BA07 简述混油段切割方法？

① 当混油到达末站时，通常是将 1%~99%的混油作为混油切出；②把混油按 50%切割，分成两部分，前部分富含 A 油，后部分富含 B 油，分别切入两个不同的混油罐中(在成都分输泵站也类似按一定流量比例切割混油)；③然后把富含 A 油的混油(体积为 V_A)准备掺混到纯净的 A 油中，把富含 B 油的混油(体积为 V_B)准备掺混到纯净的 B 油中；④该混油切割方式可以最大程度地掺混混油，减少拔头混油处理量。

评分标准：答对①~③各占 30%，答对④占 10%。

27. BB02 编制维护保养计划需考虑那些原则？

① 采用基于风险的检测(RBI)方法进行评价；②每年根据风险评价结果编制维修保养计划；③工作量较大的维护应在对管道输量影响最小的时候进行；④对管道输量影响较大的维护工作，应保证在安全条件下进行，或者安排在上游单位、下游用户进行设备检修时进行；⑤影响较小的维护应考虑与影响较大的维护工作同步进行。

评分标准：答对①~⑤各占 20%。

28. BC01HAZOP 分析的适用范围？

① HAZOP 分析是一种危险与可操作性的分析工具，最适用于在设计阶段后期对操作设施进行检查或者在现有设施做出变更时进行分析；②纳入工作计划的新建、改建和扩建项目，应在初步设计完成之后、初步设计审查之前进行 HAZOP 分析；③详细设计发生较大变化时，应进行补充 HAZOP 分析；④对于初步设计阶段未进行 HAZOP 分析工作的项目，不得进行初步设计审查；⑤在役站场的 HAZOP 分析原则上每 5 年进行一次，站场发生与工艺有关的较大事故后应及时开展 HAZOP 分析，站场进行工艺变更之前，企业应根据实际情况开展 HAZOP 分析。

评分标准：答对①~⑤各占 20%。

29. BC01HAZOP 分析方法的特点？

① 从生产系统中的工艺参数入手，来分析系统中的偏差，运用引导词来分析因温度、压力、流量等状态参数的变化而引起的各种故障的原因、存在的危险以及采取的对策；②HAZOP 分析所研究的状态参数是操作人员控制的指标，针对性强，利于提高安全操作能力；③HAZOP 分析结果既可用于设计的评价，又可用于操作评价；还可用来编制、完善安全规程，作为可操作的安全教育材料；④HAZOP 分析方法易于掌握，使用引导词进行分析，既可扩大思路，又可避免漫无边际地提出问题；⑤不足之处是不能解决管理上的问题，只能定性地分析设备设施潜在的不安全隐患，时间周期较长，须有较高的技术水平经验。

评分标准：答对①~⑤各占 25%。

30. BC01HAZOP 分析原则？

① HAZOP 分析工作尽量有所属各单位自主开展，由取得相应分析师资格的熟悉站场的技术人员组成分析小组进行分析；②在技术和人员条件不具备时，所属各单位可聘请专业技术机构开展 HAZOP 分析工作。

评分标准：答对①②各占 50%。

31. BC021.专业安全生产检查前的准备工作

① 确定检查的时间和人员，一般由专业工程师、生产站长、班组长等组成；②检查人员的培训，专业性生产检查完全依靠检查人员的经验和判断能力，检查的结果直接受检查人员个人素质的影响。因此，要对参与检查的人员进行检查项目内容交底、检查技术标准和相关的培训和指导，达到检查行为标准的统一；③确定被检查的班组及检查范围；④检查前对接受检查的班组发出检查通知；⑤编制专业检查表，检查表的内容主要是根据生产实际情况、节假日所关注的安全生产重点及上级提出的要求来决定。

评分标准：答对①~⑤各占 25%。

32. BC022.专业性检查方法有哪些？

①常规检查法。检查人员到生产现场，通过感观或辅助工具、仪表等，对操作人员的行为、生产场所的环境条件、生产设备设施等进行的专业性检查，及时发现现场存在的不安全隐患并采取措施予以消除，纠正操作人员的不安全行为。②检查表法。为使检查工作更加规范，将个人的行为对检查结果的影响减少到最小，常采用检查表法。

评分标准：答对①②各占 50%。

33. BC02 检查表的编制依据有哪些？

① 国家、地方的相关法律、法规、规范和标准、规章制度、标准及操作规程、体系文

件的要求等；②上级和单位领导的要求；③国内外同行业、企业事故统计案例，经验教训，结合本企业的实际情况，有可能导致事故的危险因素。

评分标准：答对①占 10%，答对②③各占 45%。

34. BC02 工艺专业检查，在检查生产运行记录时应检查哪些内容？

① 运行参数监控数据记录；②信息报送程序执行情况；③调度令接收记录及执行情况；④操作票执行情况；⑤运行记录和接班日记。

评分标准：答对①~⑤各占 25%。

35. BC02 工艺专业检查，在检查生产现场检查时应检查哪些内容？

① 工艺管网、设施完好情况；②防腐、保温、伴热情况；③管沟、阀井维护情况；④设备设施工艺参数显示；⑤罐区油管线、储罐伴热及卫生情况；⑥储罐泡沫、喷淋冷却水管线完好情况；⑦储罐液位计显示正确；⑧清管器收发系统完好；⑨问题、隐患整改情况；⑩检查事故处理情况；⑪员工执行劳动纪律情况。

评分标准：答对①~⑩各占 9.5%，答对⑪占 5%。

36. BC02 工艺专业检查，在操作员生产技术考核时应有哪些内容？

① 考核站场工艺流程操作；②考核站场设备性能描述；③操作规程、岗位作业指导书掌握情况；④《输油调度条例》执行情况；⑤检查安全定值的执行情况；⑥检查分析、解决本岗位生产中出现的问题。

评分标准：答对①~⑤各占 15%，答对⑥占 25%。

37. BC03 部门锁锁定管理原则？

① 在生产运行过程中，为了防止误操作，对已停用(开启)的设备及未投运的系统进行锁定；②保证在不解锁状态下设施无法自动或人为开启(关闭)。

评分标准：答对①②占 50%。

38. BC03 锁定管理的锁定特殊要求？

① 高压电气设备的部门锁按照《电业安全工作规程》中工作票要求执行，其他电气维护作业执行本规定。电气个人防护锁具宜使用专用绝缘锁具。②外部维修人员或承包商应执行本规定。

评分标准：答对①②各占 50%。

39. BC03 个人锁锁定管理原则？

① 在检维修作业时；②为了防止误操作，对工艺介质(包括原油、成品油、天然气、残液、高压高温蒸汽等)、电能的来源部位设备在安全状态下进行机械锁定；③保证在不解锁状态下设备无法自动或人为操作。

评分标准：答对①占 10%，答对②③各占 45%。

40. BC04 什么是人的无意识不安全行为？

① 无意识不安全行为是指行为者在行为时不知道行为的危险性，或者没有掌握该项作业的安全技术，不能正确地进行安全操作；②行为者由于外界的干扰(如违章指挥等)，而采用错误的违章违纪作业；③行为者自身出现的生理及心理状况恶化(例如疾病、疲劳、情绪波动等)破坏了其正常行为的能力而出现危险性操作等，显然无意识不安全行为属于人的失误。

评分标准：答对①占 10%，答对②③各占 45%。

41. BC04 人的有意不安全行为的动机有哪些？

① 对行为后果价值过分追求的动力和对自己行为能力的盲目自信，造成行为风险估量的错误；②由于个人安全文化素质较低，缺乏安全行为的自觉性，使之行为者的不安全行为动机不能得到有效的校正。

评分标准：答对①②各占 50%。

42. BD01 简述固定资产投资的定义？

① 又称为资本化支出；②对资产主体或主要部分进行更新；③或为提高使用效率对资产进行改扩建所发生的投资。

评分标准：答对①占 20%，答对②③各占 40%。

43. BD01 简述修理项目投资的定义？

① 又称为费用化支出；②对达到一定使用年限的资产项目按照技术规程规定；③或经评价确认需要进行修理，为保证资产安全生产平稳运行所发生的投资。

评分标准：答对①占 20%，答对②③各占 40%。

44. BE01 归档文件材料必须齐全、完整、准确，具体含义是指什么？

业务描述：①齐全是指按照归档范围应归档的文件材料全部归档；②完整是指每件文件材料的正文与附件、正文与定稿、请示件与批复件、转发件与被转发件、荣誉档案与说明荣誉档案的通报等文字材料、纸质件与电子件齐全；③准确是指归档文件材料内容真实，签署和用印符合文书工作规范，纸质件与电子件内容相符。

评分标准：答对①占 20%，答对②占 50%，答对③占 30%。

45. BE02 请简述站内管道及部件的概念？

业务描述：①站内管道是指输油(气)站内(含阀室)的工艺、伴热、换热、加剂、放空、排污、自用气等系统的管道；②其部件是指与管道相关的支撑、支架、卡箍以及防腐层和保温层等附属设施。

评分标准：答对①②各占 50%。

46. BE03 ERP 巡检结果录入主要包括哪几个部分？

业务描述：①在巡检主界面点击"巡检结果录入"；②进入"巡检结果录入"界面，输入巡检线路编号和巡检时间；③创建巡检通知单。

评分标准：答对①③各占 30%，答对②占 40%。

47. BE03 管道公司 ERP 设备管理模块的实施覆盖了哪 4 个管理层面？

业务描述：①基层站队；②二级单位机关；③地区公司总部；④派出机构、板块。

评分标准：答对①~④各占 25%。

48. BE03 如何在 ERP 系统上查看站内管道台账？

业务描述：①在 ERP 主界面点击"管道公司目录"；②点击"报表"；③点击"站内管道台账"，进入查询界面；④在查询界面输入地区公司名称、二级单位名称和站场代码，点击查询页面左上方"执行"按钮后便可查看站内管道台账。

评分标准：答对①②③各占 20%，答对④占 40%。

49. BE03 什么是非线路类快速处理业务？

业务描述：①当站场管道及部件发生简单的故障或需要维护保养时；②站队员不需上报分公司，自己就可以解决；③问题排除后直接在 SAP 系统创建并关闭非线路类快速处理记录单。

评分标准：答对①②各占30%，答对③占40%。

50. BE03 什么是线路类自行处理业务？

业务描述：①当线路管道及部件发生故障或需进行维护保养时；②站员不需上报分公司，但必须马上上报站长；③由站长审批报修单；④站员创建自行处理作业单进行故障处理。

评分标准：答对①～④各占25%。

51. BE03 故障维修的开始/结束日期如何选择？

业务描述：①选择优先级，点击"是"后系统会自动根据系统的时间计算出"要求结束的日期"；②直接在"要求的起始日期"、"要求的结束日期"中按自己的经验填写时间。

评分标准：答对①②各占50%。

52. BE03PPS 系统应用的考核与奖惩方法是什么？

业务描述：①考核内容主要包括分公司系统应用人员是否按规定时间及时、完整、准确地上报数据，对数据重新提交、修改次数进行统计；②系统应用奖惩方法包括：将数据录入和提交的及时性、完整性和准确性情况纳入绩效考核，与业绩奖金挂钩。

评分标准：答对①②占50%。

初级资质工作任务认证

初级资质工作任务认证要素细目表

模块	代码	工作任务	认证要点	认证形式
一、工艺技术管理	S-GY-01-C01	输油气运行工况分析	进行输油气运行工况分析	步骤描述
	S-GY-01-C02	审核操作票与操作监督	审核操作票	步骤描述
	S-GY-01-C03	工艺及控制参数限值变更	编制工艺及控制参数限值变更方案	方案编制
	S-GY-01-C04	编制月度工作计划与实施	编制月度工作计划	方案编制
二、站内管道及部件管理	S-GY-02-C01	站内管道及部件的日常巡护	站内管道及部件巡检	步骤描述
三、工艺安全管理	S-GY-03-C01	站场 HAZOP 分析的实施	确定分析的对象、目的、范围	步骤描述
	S-GY-03-C02	组织专业安全生产检查	编制专业安全检查表	步骤描述
	S-GY-03-C03	油气管道设施锁定管理	锁定管理上锁挂牌的六步操作法	技能操作
	S-GY-03-C04	站内作业现场管理	站场施工作业前的准备	步骤描述
四、站场工程项目管理	S-GY-04-C01	项目现场管理	对施工场所进行 HSE 检查	技能操作
五、工艺基础管理	S-GY-05-C01	站内管道及部件台账管理	创建站内管道及部件台账	步骤描述
	S-GY-05-C02	ERP 应用	（1）站场 ERP 巡检结果录入操作；（2）非线路类快速处理业务流程操作	系统操作
	S-GY-05-C03	PPS 应用	填报 PPS 调度日报	实际操作

初级资质工作任务认证试题

一、S-GY-01-C01 输油气运行工况分析——进行输油气运行工况分析

1. 考核时间：30min。

2. 考核方式：步骤描述。

3. 考核评分表。

考生姓名：_____ 单位：_____

序号	工作步骤	工作标准	配分	评分标准	扣分	得分	考核结果
1	收集运行参数	① 输量； ② 炉、泵运行时间； ③ 进出站压力、温度； ④ 进出泵压力、温度； ⑤ 泵耗电量	30	每缺一项内容扣6分			
2	判断运行工况	根据收集的数据，通过分析判断实际运行工况	20	判断错误扣20分			
3	编制分析报告	① 所辖输油气管道完成输油气计划的情况； ② 更新改造及大修理项目和维检修任务的实施和完成情况； ③ 管道运行参数、能耗分析； ④ 生产事件、事故分析	40	每缺一项内容扣10分			
4	提交工作计划	根据分析内容，提出改进意见，编制下步工作计划	10	存在问题未提出整改措施的扣10分			
		合计	100				

考评员 年 月 日

二、S-GY-01-C02 审核操作票与操作监督——审核操作票

1. 考核时间：30min。
2. 考核方式：步骤描述。
3. 考核评分表。

考生姓名：_____ 单位：_____

序号	工作步骤	工作标准	配分	评分标准	扣分	得分	考核结果
1	操作票涵盖全部的操作内容	① 分析作业内容； ② 确定需要进行的操作； ③ 审查操作票内容满足作业要求	30	每缺一项扣10分			
2	操作过程与作业指导书中一致	审查操作票内容包括： ① 检查和准备； ② 操作内容及步骤； ③ 操作后检查	30	每缺一项扣10分			
3	风险和应急响应	① 操作票中还应写明的风险提示与现场对应； ② 操作票中应急响应满足现场要求	40	每缺一项内容扣20分			
		合计	100				

、 考评员 年 月 日

三、**S-GY-01-C03 工艺及控制参数限值变更——工艺及控制参数限值变更方案编制**

1. 考核时间：35min。
2. 考核方式：方案编制。
3. 考核评分表。

考生姓名：_____　　　　　　　　　　　单位：_____

序号	工作步骤	工作标准	配分	评分标准	扣分	得分	考核结果
1	管道概况	包括： ① 站场简介； ② 工艺流程； ③ 管材管径	10	每缺一项内容扣5分			
2	工艺控制参数现状	① 介绍现有参数； ② 介绍变更前运行状态	10	每缺一项内容扣5分			
3	工艺控制参数变更原因	变更原因：不满足生产需要，控制参数超限，设备无法满足	15	变更原因不为其中内容扣15分			
4	工艺控制参数变更依据	现场要求、行业标准、法律和法规要求	15	依据不为其中内容扣15分			
5	工艺控制参数变更实施步骤	① 变更前检查； ② 变更操作步骤； ③ 变更后参数确认； ④ 变更后参数评价； ⑤ 变更资料归档	30	每缺一项内容扣6分			
6	风险识别与应急处置措施	主要风险及应急措施完善	20	无风险识别及应急措施，每缺一项扣5分			
	合计		100				

考评员　　　　　　　　　　　　　　　　　　　　　　年　　月　　日

四、**S-GY-01-C04 编制月度工作计划与实施——编制月度工作计划**

1. 考核时间：35min。
2. 考核方式：方案编制。
3. 考核评分表。

考生姓名：_____　　　　　　　　　　　单位：_____

序号	工作步骤	评分要素	配分	评分标准	扣分	得分	考核结果
1	《月度工作计划》中组织召开每日早班会	内容包括： ① 点名； ② 布置当天工作任务； ③ 会议记录	15	每缺一项内容扣5分			

续表

序号	工作步骤	评分要素	配分	评分标准	扣分	得分	考核结果
2	《月度工作计划》中岗位集中巡检	内容包括： ① 组织站长、站上技术人员和值班人员对站场全面检查； ② 检查工艺运行参数、值班员巡检数据填入的及时和准确性、值班记录及调度令执行情况等； ③ 发现问题及时处理并汇报	15	每缺一项内容扣5分			
3	《月度工作计划》中工艺流程操作	内容包括： ① 组织制订流程操作方案，审核操作票； ② 对实际操作进行监督	20	每缺一项内容扣10分			
4	《月度工作计划》中组织清管作业	主要包括： ① 组织清管流程操作； ② 清管器收发作业	10	每缺一项内容扣5分			
5	《月度工作计划》中工艺锁定管理	主要包括： ① 检查锁定台账； ② 审批锁定操作票	10	安排不合理，每缺一项扣5分			
6	《月度工作计划》中冬防保温工作	主要包括： ① 组织落实各项保温措施； ② 编制总结报告	10	安排不合理，每缺一项扣5分			
7	《月度工作计划》中其他项	计划中还必须包含安全预防措施	20	不包含安全预防措施不得分			
	合计		100				

考评员　　　　　　　　　　　　　　　　　　　　　　　　　年　　月　　日

五、S-GY-02-C05 站内管道及部件的日常巡护——站内管道及部件巡检

1. 考核时间：30min。

2. 考核方式：步骤描述。

3. 考核评分表。

考生姓名：＿＿＿＿＿＿＿＿＿　　　　　　　　　　　　单位：＿＿＿＿＿＿＿＿

序号	工作步骤	评分要素	配分	评分标准	扣分	得分	考核结果
1	常规巡检	① 对站内所有设备、阀门、仪表以及附件进行检查； ② 站内地上工艺管网无锈蚀、变形等缺陷，表面漆、保温层完好，标识正确； ③ 管道基墩、托架、绷绳稳固； ④ 工艺运行参数控制在上级调度规定的范围内，无异常参数； ⑤ 工艺流程符合调度令要求； ⑥ 现场在用锁具类型（个人锁、部门锁）及被锁定设施状态符合要求； ⑦ 站内管道及部件无油污、表面清洁卫生	70	每缺一项内容扣10分			

续表

序号	工作步骤	评分要素	配分	评分标准	扣分	得分	考核结果
2	针对性巡检	① 针对检修后试运设备； ② 易发生故障及新设备； ③ 新工艺进行针对性巡检	18	每缺一项内容扣6分			
3	问题处理	① 自行安排维修； ② 向调度提出维修计划	12	每缺一项内容扣6分			
		合计	100				

考评员　　　　　　　　　　　　　　　　　　　　　　　　年　　月　　日

六、S-GY-03-C01 站场 HAZOP 分析——确定分析的对象、目的、范围

1. 考核时间：30min。
2. 考核方式：步骤描述。
3. 考核评分表。

考生姓名：＿＿＿＿＿＿＿＿＿＿　　　　　　　　　　　　单位：＿＿＿＿＿＿＿＿＿＿

序号	工作步骤	工作标准	配分	评分标准	扣分	得分	考核结果
1	分析对象	① 确定分析的对象是工艺装置或其他工艺系统等	5	未确定分析的对象扣5分			
		② 识别开展分析工作时遇到危险及后果，制订控制措施	5	未识别危险扣5分			
2	分析目的	① 查找出工艺系统运行中的工艺参数(如温度、压力、流量等)的变化以及操作、控制中出现的偏差或偏离	15	未查找出工艺系统运行中的工艺参数的变化，分析偏差产生的原因和后果扣15分			
		② 查找工艺漏洞，提出安全措施或异常工况的控制方案	5	未查找工艺漏洞扣2.5分，未提出控制方案扣2.5分			
		③ 识别工艺生产或操作过程中存在的危害，识别不可接受的风险状况	5	未识别操作过程中存在的危害扣2.5分，未识别风险状况扣2.5分			
3	分析范围	预先计划指定的工艺装置或其他工艺系统等	5	未明确分析范围扣5分			
4	分析人员职责	HAZOP 分析小组的 HAZOP 主席职责：组织、指导分析小组的成员进行分析，审核资料收集、分析报告	20	未明确 HAZOP 分析小组的 HAZOP 主席职责扣20分			
		HAZOP 秘书职责： ① 收集分析依据的工艺流程图、管道和仪表流程图、设计基础等图纸和相关资料； ② 数据统计，分析记录等	20	未明确 HAZOP 秘书职责扣20分			
		工艺工程师、仪表工程师、安全工程师、操作人员职责：进行偏差的原因、后果、保护装置分析，提出改进措施	20	未明确工艺工程师、仪表工程师、安全工程师、操作人员职责扣20分			
		合计	100				

考评员　　　　　　　　　　　　　　　　　　　　　　　　年　　月　　日

七、S-GY-03-C02 组织工艺专业检查——编制检查表并进行检查

1. 考核时间：60min。
2. 考核方式：步骤描述。
3. 考核评分表。

考生姓名：_____　　　　　　　　　　单位：_____

序号	工作步骤	工作标准	配分	评分标准	扣分	得分	考核结果
1	生产运行记录检查	生产运行记录检查：查看《运行记录》、《交接班日记》、输油设备设施运行情况及数据。记录齐全、完整、无差错、无漏记，及时上载 PPS 系统	10	未查看《运行记录》、《交接班日记》、输油设备设施运行情况和数据以及记录情况，每项扣3分			
		重要信息报送情况检查：询问、查看《运行记录》、《交接班日记》、日常汇报情况。有汇报有记录，达到重要信息报送及时准确，无差错	10	未询问、查看《运行记录》、《交接班日记》等重要信息报送情况每项扣3分			
		调度令接收及执行情况：① 接收调度令是否注明调度令编号、接令人、发令人、发令时间；② 执行调度令完毕后，是否及时将执行情况反馈给调度并记录	10	① 未检查接收调度令情况，扣5分；② 未检查执行调度令情况扣5分			
		操作票执行情况：查阅操作票，检查操作票编号、操作时间、操作步骤、操作步骤确认等，值班长签字齐全	10	未查阅操作票的编号、操作时间及签字是否齐全，每项扣2分			
2	生产现场检查	工艺管网设施完好情况：巡视检查工艺管网完好，查看设备、设施、管线卫生整洁，现场达到"三清四无五不漏"的标准	10	未巡视检查工艺管网完好，未查看设备、设施、管线卫生整洁情况，每项扣3分			
		设备设施工艺参数：查看现场、站控机的显示工艺参数指示正确	5	未查看现场、站控机显示工艺参数指示正确，每项扣1分			
		储罐完好情况：巡视罐区干净整洁无杂草，罐体清洁；罐顶及浮舱内无积水、积雪、油污和杂物；储罐泡沫、喷淋冷却水管线、储罐保温层、防护层无破损；伴热良好，机械呼吸阀、液压安全阀完好；储罐液位计显示正确	10	未检查罐区、罐体、浮舱、罐顶等无积水、积雪、油污和杂物；储罐泡沫、喷淋冷却水管线、储罐保温层、防护层有无破损；伴热良好，机械呼吸阀、液压安全阀完好；储罐液位计显示正确。每项扣1分			

续表

序号	工作步骤	工作标准	配分	评分标准	扣分	得分	考核结果
2	生产现场检查	检查清管器收发系统： ① 收发清管器装置完好，无渗漏； ② 收发清管器装置的清管器通过指示器完好、指示正确； ③ 快开盲板各部件及连接处不松不旷，密封处不渗不漏	10	未检查收发清管器装置完好、清管器通过指示器完好、快开盲板完好、密封处不渗不漏，每项扣2分			
3	生产技能考核	检查本岗位风险识别情况： 能够按公司体系文件的规定进行本岗位潜在的风险进行识别，并知道现有所采取的控制措施	5	未检查本岗位潜在的风险进行识别，扣5分			
		检查应急预案掌握及演练情况： 查看班组突发事件现场处置预案演练记录，演练结束后有完整的事故预案演练记录，并进行了分析总结	10	未查看班组突发事件现场处置预案演练记录和分析总结，扣10分			
		考核操作规程、岗位作业指导书掌握情况： ① 询问考核操作员设备、设施、工艺系统的结构、性能、原理和操作要求； ② 考核操作员操作规程、作业指导书、保护与控制参数等相关内容掌握情况	5	未询问考核操作员设备、结构、性能、原理，扣2分。未考核操作员操作规程、作业指导书、掌握情况，扣3分			
4	检查结果	① 表扬：在检查发现的工作亮点，创新等； ② 指出检查发现的问题； ③ 提出改进的措施，开具问题整改清单	5	① 检查发现的工作亮点，未进行表扬扣1分；② 未指出检查发现的问题，扣3分；③ 未提出改进的措施，扣2分			
	合计		100				

考评员　　　　　　　　　　　　　　　　　　　　　年　月　日

八、S-GY-03-C03 油气管道设施锁定管理——锁定管理上锁挂牌的六步操作法

1. 考核时间：20min。
2. 考核方式：技能操作。
3. 考核评分表。

考生姓名：_____   单位：_____

序号	工作步骤	工作标准	配分	评分标准	扣分	得分	考核结果
1	危险辨识	上锁挂牌前，辨识所有危险能量和物料的来源	10	未辨识危险能量和物料的来源，扣10分			
2	隔离	对辨识出的危险能量明确隔离点和类型	15	未明确隔离点和类型，扣15分			
3	上锁挂牌	根据隔离清单选择合适的锁具和标牌	15	未按隔离清单选择合适的锁具和标牌扣15分			
4	确认	清除现场危险物品，危险源已被隔离并沟通	20	未清除现场危险物品，扣10分；并未沟通扣10分			
5	实施作业	确认危险源已被安全隔离和有效沟通后，实施作业	20	未确认危险源已被安全隔离和有效沟通后，开始实施作业扣20分			
6	作业结束开锁	作业结束后和相关人员与岗位进行通知沟通后，开锁	20	作业结束未和相关人员与岗位通知沟通就开锁扣20分			
	合计		100				

考评员   年   月   日

九、S-GY-03-C04 作业现场安全管理——站场施工作业准备

1. 考核时间：40min。
2. 考核方式：步骤描述。
3. 考核评分表。

考生姓名：_____   单位：_____

序号	工作步骤	工作标准	配分	评分标准	扣分	得分	考核结果
1	安全教育	① 对施工项目所有管理及作业人员须经过站队的安全教育，持证上岗；② 未经教育培训或者考核不合格的人员，不得上岗作业	30	未对所有管理及作业人员进行的安全教育，持证上岗扣15分；教育培训考核不合格的人员上岗作业扣15分			
2	安全技术交底	针对作业特点向施工作业人员进行安全技术交底，让施工作业人员掌握控制措施和方法，防止事故发生	25	未对施工作业人员进行安全技术交底扣25分			
3	设置警戒区、安全标志	① 进入现场的施工机械、材料和设备必须按指定位置摆放，符合安全、文明施工要求；② 施工现场作业区等应设置警戒区，并有醒目的安全标志	25	① 现场的施工机械、材料和设备未分区、分类摆放扣10分；② 施工现场作业区等未设置警戒区和安全标志扣15分			

续表

序号	工作步骤	工作标准	配分	评分标准	扣分	得分	考核结果
4	办理作业许可	施工作业之前，提出作业申请，办理作业许可，各项安全措施已落实，作业许可证审批后方可施工	20	未申请、办理作业许可扣20分			
	合计		100				

考评员　　　　　　　　　　　　　　　　　　　　　　　　　年　　月　　日

十、S-GY-04-C01 站场工程项目管理——对施工场所进行 HSE 检查

1. 考核时间：30min。
2. 考核方式：步骤描述。
3. 考核评分表。

考生姓名：＿＿＿＿＿＿＿＿＿　　　　　　　　　单位：＿＿＿＿＿＿＿＿＿

序号	工作步骤	工作标准	配分	评分标准	扣分	得分	考核结果
1	定期进行施工现场的 HSE 现场检查	组织站长、安全员和技术员每24小时至少到现场进行一次 HSE 检查	15	缺少一人扣2分，未24小时现场检查一次扣9分			
2	按照体系文件 HSE 现场检查清单中"场所整理"要求逐项进行检查	场所整理检查内容：工作现场整洁；材料存放正确；工作面清洁；逃生通道畅通；有禁止吸烟标志；定期清理垃圾；材料不会坠落；木板上没有铁钉；足够的照明；健康的工作场所和环境	50	每漏查一项扣5分			
3	发现问题及时上报，督促施工单位及时整改	填写隐患清单，督促施工单位按时整改，并检查整改质量	35	未填写隐患清单扣20分，未督促整改扣10分，未检查整改质量扣5分			
	合计		100				

考评员　　　　　　　　　　　　　　　　　　　　　　　　　年　　月　　日

十一、S-GY-05-C01 站内管道及部件台账管理——创建站内管道及部件台账

1. 考核时间：30min。
2. 考核方式：步骤描述。
3. 考核评分表。

考生姓名：＿＿＿＿＿＿＿＿＿　　　　　　　　　单位：＿＿＿＿＿＿＿＿＿

序号	工作步骤	工作标准	配分	评分标准	扣分	得分	考核结果
1	查找技术资料	查找与创建站内管道及部件台账有关的： ① 工艺流程图； ② 工艺安装图； ③ 操作原理等技术资料	30	未查找到①②③中的一个相关技术资料扣10分			

续表

序号	工作步骤	工作标准	配分	评分标准	扣分	得分	考核结果
2	填写台账信息	选取本站 2 条不同区域的管段，参照相关技术资料，在《站内管道及部件台账》中分别填入 2 条管段的：①管段名称、②起点—止点、③埋地长度、④地上长度、⑤外径、⑥壁厚、⑦设计压力、⑧设计温度、⑨材质、⑩保温管/裸管、⑪保温形式、⑫管内介质、⑬投产日期、⑭检测日期	56	发现①至⑭中的一处台账信息填写错误扣 2 分			
3	更新台账内容	站内管道发生更新改造和大修项目变更时，应及时更新台账内容	14	未更新台账内容扣 14 分			
	合计		100				

考评员 　　　　　　　　　　　　　　　　　　　　　　　　　年　　月　　日

十二、S-GY-05-C02-01ERP 应用——站场 ERP 巡检结果录入操作

1. 考核时间：10min。
2. 考核方式：实际操作。
3. 考核评分表。

考生姓名：_____　　　　　　　　　　　单位：_____

序号	工作步骤	工作标准	配分	评分标准	扣分	得分	考核结果
1	进入"巡检结果录入"界面	在 ERP 页面上输入：① 巡检时间；② 巡检编号；③ 进入"巡检结果录入"界面	20	发现①②③中的一处填写错误扣 5 分，未进入界面扣 20 分			
2	输入巡检信息	在"巡检结果录入"界面上输入：① 检查结果；② 巡检人；③ 单号；④ 并创建通知单	40	发现①②③④中的一处填写错误扣 10 分			
3	对巡检信息进行保存	① 点击"保存"按钮，对巡检信息进行保存；② 退出页面	20	① 巡检信息未保存扣 15 分；② 未退出页面扣 5 分			
4	查询巡检结果	在 ERP 页面上输入：① 巡检时间；② 巡检编号；③ 进入"巡检结果查询"界面	20	发现①②③中的一处填写错误扣 5 分，未进入界面扣 20 分			
	合计		100				

考评员 　　　　　　　　　　　　　　　　　　　　　　　　　年　　月　　日

十三、S-GY-05-C02-02ERP 应用——非线路类快速处理业务流程操作

1. 考核时间：15min。
2. 考核方式：实际操作。
3. 考核评分表。

考生姓名：_____　　　　　　　　　　　单位：_____

序号	工作步骤	工作标准	配分	评分标准	扣分	得分	考核结果
1	进入创建非线路快速处理记录单初始界面	① 输入事务代码"iw21"； ② 进入创建非线路快速处理记录单初始界面	15	① 事务代码输入错误扣 10 分； ② 未进入初始界面扣15 分			
2	输入创建非线路类快速处理记录单界面	① 选择通知单类型为"Z1"； ② 进入创建非线路类快速处理记录单界面	15	① 通知单类型填写错误扣 10 分； ② 无法进入界面扣15 分			
3	填写必要的数据	按照假设的某站场设备故障信息： ① 填写表头； ② 选择设备； ③ 详细描述故障情况	30	发现①②③中的一处填写错误扣 10 分			
4	填写计划总览的数据	① 填写报告者，即故障的发现人； ② 填写故障的开始和结束时间	30	发现①②中的一处填写错误扣 15 分			
5	关闭记录单	点击"完成"按钮，生成记录单	10	操作错误，无法生成记录单扣 10 分			
	合计		100				

考评员　　　　　　　　　　　　　　　　　　　　　年　　月　　日

十四、S-GY-05-C03PPS 应用——填报 PPS 调度日报

1. 考核时间：15min。
2. 考核方式：实际操作。
3. 考核评分表。

考生姓名：_____　　　　　　　　　　　单位：_____

序号	工作步骤	工作标准	配分	评分标准	扣分	得分	考核结果
1	进入调度日报填报页面	① 登录 PPS 系统，点击某站场"②调度运行—③调度日报—④生产日报"，进入填报页面	20	登陆错误扣 20 分；发现②③④中的一处错误扣 5 分；未进入填报页面扣 20 分			
2	准确填报各类日报参数	在填报页面上准确填写某输油气站场①运行参数；②自耗；③生产动态数据	40	发现一处数据填写错误扣 5 分，直至扣完40 分为止			

续表

序号	工作步骤	工作标准	配分	评分标准	扣分	得分	考核结果
3	提交至审核人	填好参数后： ① 选择审核人； ② 点击"提交"按钮，提交给审核人	20	未正确选择审核人扣10分；未正确提交扣10分			
4	审核日报	① 用审核人账号登录 PPS 系统； ② 确认填报数据无误后选择"同意"单选按钮； 　③ 然后点击"提交"，完成日报填报	20	未正确登陆扣 20 分；发现①②中的一处错误扣10分			
		合计	100				

考评员　　　　　　　　　　　　　　　　　　　　　　　　年　　月　　日

中级资质理论认证

中级资质理论认证要素细目表

行为领域	代码	认证范围	编号	认证要点
专业知识 B	A	工艺技术管理	01	输油气运行工况分析
			02	审核操作票与操作监督
			03	工艺及控制参数限值变更
			04	编制月度工作计划
			05	作业文件的编制
			06	油气管道清管作业实施
			07	成品油顺序输送混油切割与处理
			08	站内工艺管网投产
	B	站内管道及部件管理	01	站内管道及部件的日常巡护
			02	站内管道及部件维护保养
			03	站内管道及部件检修
	C	工艺安全管理	01	站场 HAZOP 分析与实施
			02	专业安全生产检查
			03	油气管道设施锁定管理
			04	作业现场安全管理
	D	工程项目管理	01	项目建议书编制
			02	技术方案编制
			03	项目实施准备
			04	项目现场管理
	E	工艺基础管理	01	工艺基础技术资料管理
			02	站内管道及部件台账管理
			03	管理系统应用

中级资质理论认证试题

一、单项选择题(每题 4 个选项,将正确的选项号填入括号内)

第二部分 专业知识

工艺技术管理部分

1. BA01 输油站场(泵站、计量调压站、清管站和阀室)在何种情况不能进行本地操作( )。
A. 远程通信中断　　　　　　　　　　B. 控制中心远程监控中断
C. 切换到本地控制模式进行现场维护作业　　D. 控制中心远程操作中

2. BA01 以下哪项不是异常工况引起的运行参数的变化( )。
A. 压力开关设定值　　　　　　　　　　B. 输量
C. 各站的进出站压力　　　　　　　　　D. 泵效

3. BA01 当离心泵的转速最大变化( )时,泵效率基本无变化。
A. 10%　　　　　B. 20%　　　　　C. 50%　　　　　D. 70%

4. BA02 审核工作是根据现场实际情况,对操作票( )进行的核对。
A. 实用性　　　　B. 时效性　　　　C. 正确性　　　　D. 完整性

5. BA03 在哪种情况下可以不进行工艺及控制参数限制的变更( )。
A. 油气管道输送方式及控制方式的改变
B. 油气管道输送流向的改变
C. 油气管道输送介质的改变及介质特性的变化
D. 油气管道输送操作人员的改变

6. BA04 岗位集中巡检参加人员不包括( )
A. 驾驶员　　　　B. 站长　　　　C. 技术人员　　　　D. 值班人员

7. BA05 以下哪项不是作业文件的编写要求( )作业文件要求。
A. 详细　　　　B. 独立程序文件　　　　C. 具体　　　　D. 可操作性强

8. BA06 清管器不具备的功能为( )。
A. 除水　　　　B. 隔离　　　　C. 清蜡、除污　　　　D. 调节压力

9. BA06 天然气管道公称直径大于 800mm,在管道输送效率低于( )时应进行清管作业。
A. 0.91　　　　B. 0.82　　　　C. 0.77　　　　D. 0.74

10. BA06 成品油管道两次清管最长时间间隔不宜超过( )年。
A. 一　　　　B. 二　　　　C. 三　　　　D. 四

11. BA06 清管器长度宜大于( )倍的管道管径。
A. 0.5　　　　B. 1.0　　　　C. 1.5　　　　D. 2.0

12. BA07 以下哪项措施不能减少混油量( )。

A. 尽量避免停输

B. 从干线通过支线分输时，干线流速降低不超过 30%

C. 通过调压控制流速

D. 尽量降低管道的输量

13. BA07 混油处理时，取柴油样化验，柴油闪点不小于( )℃时，柴油合格。

A. 40　　　　　　B. 45　　　　　　C. 50　　　　　　D. 55

14. BA08 投产方案内容不包括( )。

A. 投产方式　　　　　　　　　　B. 前期调研情况

C. 投产组织结构及职能　　　　　D. 投产实施步骤、要求和行为标准

站内管道及部件的管理部分

15. BB01 站内管道及部件( )进行一次巡检。

A. 每两小时　　B. 每天　　　　　C. 每周　　　　　D. 每月

16. BB01 站内管道及部件的针对性巡检不包括( )。

A. 设备参数　　　　　　　　　　B. 检修后试运设备

C. 易发生故障及新设备　　　　　D. 新工艺

17. BB02 站内管道及部件维护保养计划中，工作量较大的维护应在对管道输量影响( )的时候进行。

A. 最大　　　　B. 一般　　　　　C. 最小　　　　　D. 很大

18. BB03 站内管道及部件的检修计划编制过程还需要考虑新建、改扩建项目对( )的影响。

A. 能效　　　　B. 运行参数　　　C. 工艺　　　　　D. 输量

工艺安全管理部分

19. BC01 工艺安全管理，是通过对管道输油气工艺危害和风险的识别、分析、评价和处理，从而避免与管道输油气工艺相关的伤害和事故的管理( )。

A. 流程　　　　B. 手段　　　　　C. 评价　　　　　D. 信息

20. BC01 为实现安全生产，需要在整个其生产周期中，落实执行工艺安全管理系统，工艺安全管理基本要素构成了( )和防范工艺安全事故的一套完整的管理系统。

A. 防止伤害　　B. 预防危害　　　C. 控制危害　　　D. 控制过程

21. BC01 工艺风险与可操作分析方法是英国化学工业公司于 1974 年开发的以系统工程为基础，针对化学装置的一种危险性评价方法。该方法称为工艺安全分析，也称危险与可操作性分析，简称( )。

A. HAZOP 分析　　B. JSA 分析　　C. JHA 分析　　　D. 工艺分析

22. BC01 HAZOP 分析组分析每个工艺单元或操作步骤，识别出那些具有潜在危险的偏差，这些偏差通过( )引出。

A. 生产措施　　B. 引导词　　　　C. 生产名词　　　D. 生产术语

23. BC01 在役站场的 HAZOP 分析原则上每( )进行一次，站场发生与工艺有关的较大事故后应及时开展 HAZOP 分析，站场进行工艺变更之前，企业应根据实际情况开展

143

HAZOP 分析。

    A. 3 年   B. 2 年   C. 4 年   D. 5 年

    24. BC01 HAZOP 分析方法的特点是从生产系统中的(　　)入手,来分析系统中的偏差,运用引导词来分析因温度、压力、流量等状态参数的变化而引起的各种故障的原因、存在的危险以及采取的对策。

    A. 工艺参数   B. 工艺设施   C. 工艺控制   D. 工艺变化

    25. BC01 HAZOP 分析过程中一旦找到发生偏差的原因,就意味着找到了对付偏差的方法和手段,这些原因可能是设备故障、(　　)、不可预料的工艺状态、外界干扰(如电源故障、违章指挥)等。

    A. 人为操作   B. 人为失误   C. 人工操作   D. 自动控制

    26. BC01 HAZOP 分析过程中偏差所造成的后果分析是假定发生偏差时已有大的(　　)失效;不考虑那些细小的与安全无关的后果。

    A. 控制系统   B. 监控系统   C. 安全保护系统   D. 调节系统

    27. BC01HAZOP 分析的安全措施,指设计的工程系统或调节(　　),用以避免或减轻偏差发生时所造成的后果(如报警、联锁、操作等)。

    A. 保护系统   B. 监控系统   C. 调节系统   D. 控制系统

    28. BC02 检查表法是事先把系统加以(　　),列出各层次的检查要素,确定检查项目,并把检查项目按系统的组成顺序编制成表,以便进行检查或评审,这种表就叫检查表。

    A. 组成   B. 剖析   C. 分解   D. 组合

    29. BC03 锁定管理是一种提高安全管理水平、减少安全事故发生的有效手段,是指采取一定的措施,使用的机械装置,在满足工艺要求的前提下,保持设备状态不变,防止因误动作和误操作而引起的人员伤害和(　　)。

    A. 损坏   B. 管线损坏   C. 设备损坏   D. 仪表损坏

    30. BC03 锁吊牌是指和锁具配套使用,表明锁具只能由(　　)或解锁。内容为上锁或解锁人员姓名、所属部门、锁定预计完成时间等。

    A. 个人上锁   B. 部门上锁   C. 专人上锁   D. 操作人上锁

    31. BC04 人不安全行为的其中的某种表现为(　　)。此类人员尽管受过系统的安全培训,掌握了基本的安全生产知识,但忙于完成任务,而不按规章制度作业。

    A. 明知故犯型   B. 心理障碍型   C. 外界干扰型   D. 盲目自信

站场工程项目管理部分

    32. BD03 计划投资额为(　　)的工程项目技术方案需报公司相关处室审查。

    A. 100 万元以上   B. 100 万元以下 50 万元以上

    C. 100 万元以下 20 万元以上   D. 20 万元以下

    33. BD03 下面(　　)项不在施工技术方案审查范围内。

    A. 施工单位资质是否符合要求   B. 方案是否符合相关规程和标准

    C. 方案是否满足生产实际需要   D. 方案是否合理,是否有多方案对比

    34. BD03 项目开工前,项目管理单位应组织安全科、计划科的相关人员对施工现场进行检查,下面(　　)不在检查范围内。

A. 作业许可手续 B. 施工方案 C. 作业计划书 D. 开工报告

35. BD04 进入受限空间实行作业，应办理作业许可证，进入受限空间作业前，应开展作业安全分析，识别（　　），评估风险，采取措施，控制风险。

A. 危害因素 B. 作业条件 C. 作业工具 D. 空间位置

工艺基础管理部分

36. BE01 基本建设项目文件材料必须保证齐全、完整、系统，确保其原始性、真实性、准确性，签署手续完备，并由（　　）签字核准。

A. 现场管理人 B. 项目负责人 C. 安全监督人 D. 运行管理人

37. BE01 归档的（　　）应按照精练、完整的要求，填写内容、时间、地点、人物、背景及摄录人姓名，并保证载体清洁、耐久和内容真实、可读。

A. 纸质资料 B. 电子版资料 C. 声像材料 D. 复印资料

38. BE01 科学技术研究、基本建设项目文件材料在项目鉴定后或竣工验收（　　）内归档。

A. 一个月 B. 两个月 C. 三个月 D. 半年

39. BE01 档案柜（架）号要按（　　）的顺序做出标记，以便查找。

A. 从左向右、自上而下 B. 从右向左、自上而下
C. 从左向右、自下而上 D. 从右向左、自下而上

40. BE01 生产技术类技术资料的标识符号为（　　）。

A. G B. H C. K D. D

41. BE01 生产技术管理类档案的二级类目中的工程管理类的代号为（　　）。

A. 01 B. 02 C. 03 D. 04

42. BE01 按照归档范围应归档的文件材料全部归档是指的档案归档的（　　）性。

A. 齐全 B. 完整 C. 准确 D. 系统

43. BE01 基本建设项目档案的收集、归档、整理具体执行（　　）。

A.《声像档案管理规定》 B.《技术资料档案管理规定》
C.《基本建设项目档案管理规定》 D.《工艺基础技术资料档案管理规定》

44. BE02 以下不属于站内管道的是（　　）。

A. 工艺管道 B. 排污管道 C. 放空管线 D. 自来水管道

45. BE02 站内工艺系统管道、（　　）及自控系统等均应进行工艺编号。

A. 排污系统 B. 设备 C. 放空系统 D. 法兰

46. BE03 线路类自行处理业务使用的工单类型代码为（　　）。

A. GX11 B. GX12 C. ZC11 D. ZC12

47. BE03 非线路类自行处理业务使用的工单类型代码为（　　）。

A. GX11 B. GX12 C. ZC11 D. ZC12

48. BE03 一般故障报修所使用的通知单类型为（　　）。

A. Z1 B. Z2 C. Z3 D. Z4

49. BE03 非线路类故障报修单由（　　）创建。

A. 站长 B. 生产科员 C. 站员、维抢修队员 D. 维抢修队长

50. BE03 查询已创建的非线路类故障保修单的事物代码是(　　)。

A. IW21　　　　　　B. IW22　　　　　　C. ZC11　　　　　　D. ZC12

51. BE03 创建非线路类自行处理作业单时，添加组件步骤中的项目类别 IC"L"指的是(　　)。

A. 库存项目　　　　　　　　　　　　B. 中间物料

C. 非库存项目　　　　　　　　　　　D. 可变大小项目

52. BE03 创建非线路类自行处理作业单时，添加组件步骤中文本项目的项目类别 IC 是(　　)。

A. L　　　　　　　B. M　　　　　　　C. N　　　　　　　D. T

53. BE03 线路类故障报修单所使用的通知单类型为(　　)。

A. X1　　　　　　　B. X2　　　　　　　C. Z1　　　　　　　D. Z2

54. BE03 创建线路类故障报修单，填写报修位置的里程桩时，计量点代码组 0001 对应的报修桩是指(　　)。

A. 相对开始位置　　　　　　　　　　B. 相对结束位置

C. 漏点位置　　　　　　　　　　　　D. 相对中间位置

55. BE03 管道生产管理系统(2.0 版)的外网网址是(　　)。

A. http://pps.petrochina.com　　　　　B. http://pps.petrochina.com.cn

C. https://ppsv2.petrochina.com　　　　D. https://ppsv2.petrochina.com.cn

56. BE03 需要在 PPS 系统上进行功能调整或功能扩展时，填写《新增功能申请表》、《调整功能申请表》、《新增报表申请表》，书面上报至(　　)或销售处业务主管人员处审核，审核通过后向 PPS 系统项目组通报以上书面申请，由项目组人员实施完成。

A. 生产处　　　　　B. 管道处　　　　　C. 科技研究中心　　　　D. 信息中心

二、判断题(对的画"√"，错的画"×")

第二部分　专业知识

工艺技术管理部分

(　　)1. BA01 当气体管道发生事故时，工艺工程师不需要对影响系统性能的意外状况进行纠正，只需将问题汇报上级调度。

(　　)2. BA01 当管线正常运行且不存在工况调节的情况下，清管器卡堵时的现象为：卡堵点上游流量减小，进站压力增大，出站压力增大；卡堵点下游流量减小，进站压力减小，出站压力增大。

(　　)3. BA01 若发生泄漏事故位置处于上坡段，而下游泵站处于下坡段，则下游泵站应尽量抽低到高点压力为 0 时再停泵，并关闭泄漏点下游阀室。

(　　)4. BA01 大幅度改变输量的工况调整，可以采用切削叶轮的方法。

(　　)5. BA02 监督操作人员操作的重点在于风险控制措施落实、操作过程参数的确认、异常情况的处理和总结分析。

(　　)6. BA03 工艺工程师要掌握本站的工艺及控制参数情况，当工艺参数不能满足生产需要时，要进行变更处理。

（　　）7. BA04 月度工作计划中不能包含安全预防措施。

（　　）8. BA05 作业文件的内容包含对某一项事或某个环节说明做的方式、方法、步骤、要求和行为标准。

（　　）9. BA06 原油管道至少每季度进行一次清管作业。

（　　）10. BA06 管道内壁有涂层时，应将钢刷清管器和磁力清管器上的钢丝刷更换为尼龙刷。

（　　）11. BA06 成品油管道和原油管道首次或超过 6 个月未清管时，清管作业宜从管道末端开始向前端逐步进行。

（　　）12. BA06 若清管过程中发生故障、事故，不应出具总结报告。

（　　）13. BA07 混油进行掺混处理时不用考虑掺混后的油品质量。

（　　）14. BA08 站内工艺管网投产一般指预留管网投产和停用工艺管网再投产。

站内管道及部件的管理部分

（　　）15. BB01 在无操作情况下，工艺参数和工况数据应为稳定值。

（　　）16. BB02 站内管道及部件只需要进行定期的维护保养。

（　　）17. BB03 站内管道及部件检修前需建立 ERP 工单、但不用上报场站作业计划。

工艺安全管理部分

（　　）18. BC01 在生产和维护作业总是需要人为启停设备和自动控制系统，只要涉及人为干预，就可能发生误操作。

（　　）19. BC01HAZOP 分析的分析节点又称工艺单元，指具体确定边界的设备（如两设备之间的管线）单元，对单元内工艺参数的偏差进行管理。

（　　）20. BC01HAZOP 分析中的 SIS 指的是安全仪表系统。保护工艺系统超限停止的自动化系统。

（　　）21. BC01HAZOP 分析中的 SIL 指的是安全完整性等级。是功能安全等级的一种划分，划分为 4 级，即 SIL1，SIL2，SIL3 和 SIL4。安全相关系统的 SIL 应该达到哪一级别，是由风险分析得来的。即通过分析风险后果严重程度、风险暴露时间和频率、不能避开风险的概率及事件发生概率这 4 个因素综合得出。级别越高要求其危险失效概率越低。

（　　）22. BC01SIL 安全完整性等级其级别越高要求其危险失效概率越高。

（　　）23. BC01HAZOP 分析中的偏差由引导词和参数构成。

（　　）24. BC01HAZOP 分析报告提交后，被检单位要制订具体的方案，落实分析报告所提出的建议措施。

（　　）25. BC01 检查表法。为使检查工作更加规范，将个人的行为对检查结果的影响减少到最小，通常采用检查表法。

（　　）26. BC01 专业检查表的格式一般采用表格的形式来描述，有序号、检查内容、检查方法及检查结果。

（　　）27. BC03 锁定是指在设备状态下，为了防止误操作导致原油、成品油、天然气、电能等意外泄漏，对一经操作就会产生危险的设备用个人锁进行上锁。

（　　）28. BC03 在生产运行过程中，为了保护工艺系统、设备安全，对停用的装置设备、下游未投运的系统及需要上锁的阀门、电气开关进行上锁，通过对设备上锁及挂牌固定设备停用（开启）位置状态，以至设备不会被误开（关）。

（　　）29. BC03 应急解锁是指在紧急情况下，因生产运行或事故处理的紧急需要，需要提前解锁的工作，站长决定启动应急解锁程序。

（　　）30. BC03 锁定管理中规定：决定启动应急解锁程序后，操作员应通知要解锁区域内所有人员即将解锁。

（　　）31. BC04 有意识不安全行为是在有意识的冒险动机支配之下产生的行为。

（　　）32. BC04 人的不安全行为其中的一种是违章蛮干型。此类人员工作不按制度、规程行事，违章蛮干，这是导致事故发生的主要原因。

（　　）33. BC04 人不安全行为其中的一种是违章指挥型。有的领导干部、班组长为了完成当班上级交给的生产任务，不落实相关安全制度，不排查安全隐患等，强令工人违章作业。

工程项目管理部分

（　　）34. BD02 技术方案中应包括消防、安全配置与环保等内容。

（　　）35. BD0320 万元以下项目可直接选商。

（　　）36. BD04 根据《固定资产转资管理规定》，对达到预转资产或者正式转资要求的大修理项目按估算成本或者审定的工程成本由在建工程转入固定资产核算与管理。

工艺基础管理部分

（　　）37. BE01 归档文件材料是外文的，应由工艺工程师将文件材料题名、责任者翻译成中文与原件一起归档。

（　　）38. BE01 实物档案在工作活动过程中应及时归档、移交。

（　　）39. BE01 工艺基础技术资料分类时，各单位必须执行到二级类目。

（　　）40. BE01 记录编号是某一种生产记录每张记录的识别标记，若记录为成册票据，印有流水号，要视为流水号。

（　　）41. BE01 凡工艺类安全生产运行过程和标准要求的证据，均属生产记录的范围，包括工艺操作票、锁定记录、调度令、电话录音、生产相关往来函等。

（　　）42. BE01 科技管理类档案包括：综合性文件、技术开发、技术引进、科技成果管理、新技术推广、标准化管理等。

（　　）43. BE01 涉及法律法规及产品责任的记录，如法定监测记录、事故报告、检验报告等需至少保存 5 年。

（　　）44. BE02 站内管道及设备工艺编号，在经站长同意后可以按照实际情况变更。

（　　）45. BE02 站内管道发生更新改造和大修项目变更时，应及时更新台账内容。

（　　）46. BE03 ERP 模块中设备编码是系统自动生成的，是唯一的。

（　　）47. BE03 通知单和工单在任务流转完成之后会自动关闭。

（　　）48. BE03 进行巡检结果录入时，如果发现巡检点有故障需要报修可以在填报界面直接关联通知单报修。

（　　）49. BE03 快速处理记录单是在故障处理之前创建的。

（　　）50. BE03 线路类的工单类型都是由 ZC 开头，非线路类由 GX 开头。

（　　）51. BE03 工单在关闭之前需要进行完工确认。

（　　）52. BE03 工单不进行完工确认不能关闭。

（　　）53. BE03 在填写计量凭证数据时，必须正确填写计量位置。

（　　）54. BE03 非线路类故障报修单表头格式为：××站+设备名称+简单设备故障描述。

（　　）55. BE03 创建非线路类自行处理作业单时，填写工序步骤中的"工作"是工作内容。

（　　）56. BE03 在站长、维修队队长下达非线路类自行处理作业单之后，站员、维抢修队员才可以打印订单、领料、实际施工、验收。

（　　）57. BE03 工艺工程师负责检查运行员工填报调度日报、运行参数以及值班事宜等记录的正确性，发现错误须立即纠正。

（　　）58. BE03 每个用户至多可以有两个账号，密码要保密，不能随意将用户账号和密码交给他人使用，如果由此造成的损失，由个人负责。

（　　）59. BE03 在场站作业计划提交之后，则成为场站作业，用场站账号进入 PPS 系统，点击"值班调度"—"场站作业"，即可查看场站作业的情况。

三、简答题

第二部分　专业知识

工艺技术管理部分

1. BA01 输气站场站 ESD 如何执行？
2. BA01 出站泄压阀误动作处理方法？
3. BA03 工艺参数变更工作主要内容有哪些？
4. BA05 作业文件的编制要求？
5. BA07 当发生何种情况时，必须紧急停运混油处理装置？

站内管道及部件的管理部分

6. BB02 编制站内管道及部件维护保养计划的要求？
7. BB03 在检修工作的编制过程中应考虑哪些内容？

工艺安全管理部分

8. BC01 简述 HAZOP 分析的目的？
9. BC01 HAZOP 分析前需要准备哪些资料？
10. BC01 HAZOP 分析实施分析步骤？
11. BC02 专业性检查的实施方法？

12. BC03 简述实施锁定管理的重要性？

13. BC03 简述锁定管理部门锁上锁的要求？

14. BC03 简述个人锁的解锁要求？

15. BC03 简述锁具的管理？

16. BC03 简述锁定管理锁具日常维护要求？

17. BC04 简述控制人的不安全行为的途径？

18. BC04 物的不安全状态4大种类？

19. BC04 消除物的不安全状态的措施？

工程项目管理部分

20. BD03 项目开展前期工作需要准备哪些内容？

21. BD01 编制项目建议书时建设理由应该注意哪些方面？

22. BD02 技术方案至少应包括哪些内容？

23. BD03 对工程项目技术方案审查主要有哪些内容？

工艺基础管理部分

24. BE01 技术资料档案管理的"八防"要求包括哪些内容？

25. BE01 生产记录的编码要求有哪些？

26. BE02《站内管道及部件台账》包括哪些内容？

27. BE03 什么是非线路类自行处理业务？

28. BE03 什么是线路类一般故障维修业务？

29. BE03 非线路类自行处理业务流程中，工艺工程师负责哪几个部分？

30. BE03 PPS系统应用中，审核流转中、进行中和历史场站作业的基本概念分别是什么？

中级资质理论认证试题答案

一、选择题答案

1. D　2. A　3. B　4. C　5. D　6. A　7. B　8. D　9. A　10. B

11. C　12. D　13. D　14. B　15. B　16. A　17. C　18. D　19. A　20. C

21. A　22. B　23. A　24. A　25. A　26. C　27. D　28. C　29. C　30. D

31. A　32. A　33. A　34. A　35. A　36. B　37. D　38. C　39. A　40. D

41. B　42. A　43. C　44. D　45. A　46. A　47. D　48. B　49. C　50. B

51. A　52. D　53. B　54. A　55. D　56. A

二、判断题答案

1. ×当气体管道发生事故时，工艺工程师对出现的事故及事故等级进行判断，对影响系统性能的意外状况进行纠正，对不能纠正的问题汇报上级调度或进行应急响应。　2.×当管线正常运行且不存在工况调节的情况下，清管器卡堵时的现象为：卡堵点上游流量减小，进站压力增大，出站压力增大；卡堵点下游流量减小，进站压力减小，出站压力减小。
3.√　4.×通过对输油泵更换不同直径的叶轮可以在一定范围内改变输量，但泵的叶轮不能切削太多，否则泵效率下降较大，因此这种方法不适用于大幅度改变输量的情况。
5.√　6.√　7.×月度工作计划中必须包含安全预防措施。　8.√　9.√　10.√
11.√　12.×若清管过程中发生故障、事故，还应在总结报告中描述抢修和抢险情况，进行原因分析。　13.×混油进行掺混处理时必须考虑掺混后的油品质量。　14.√　15.√
16.×站内管道及部件进行定期及不定期的维护保养。　17.×站内管道及部件检修前需建立ERP工单、上报场站作业计划。　18.√　19.×HAZOP分析的分析节点又称工艺单元，指具体确定边界的设备（如两设备之间的管线）单元，对单元内工艺参数的偏差进行分析。
20.√　21.√　22.×SIL安全完整性等级其级别越高要求其危险失效概率越低。　23.√
24.×HAZOP分析报告提交后，被检单位要制订具体的计划，落实分析报告所提出的建议措施。　25.√　26.√　27.×锁定是指在检（维）修作业状态下，为了防止误操作导致原油、成品油、天然气、电能等意外泄漏，对一经操作就会产生危险的设备用个人锁进行上锁。
28.√　29.√　30.×锁定管理中规定：决定启动应急解锁程序后，主管技术人员通知要解锁区域内所有人员即将解锁。　31.√　32.√　33.√　34.√　35.√　36.×根据《固定资产转资管理规定》，对达到预转资产或者正式转资要求的固定资产投资项目按估算成本或者审定的工程成本由在建工程转入固定资产核算与管理。　37.√　38.×实物档案在工作活动结束后及时归档、移交。　39.√　40.×记录顺序号是某一种生产记录每张记录的识别标记，若记录为成册票据，印有流水号，要视为流水号。　41.√　42.√　43.×涉及法律法规及产品责任的记录，如法定监测记录、事故报告、检验报告等需长期保存。　44.×站内管道及设备工艺编号，不得随意改变；如确需改变时，由分公司向生产处申请，生产处批复后，通知运行调控单位后，方可进行。　45.√　46.√　47.×通知单和工单在任务流转完成之后都需要关闭。　48.√　49.×处理记录单是在故障处理之后创建的。　50.×线路类的工单类型都是由GX开头，非线路类由ZC开头。　51.√　52.×工单不进行完工确认也可关闭。　53.√　54.×非线路类故障报修单表头格式为：××站+设备编号+设备名称+简单设备故障描述。　55.×创建非线路类自行处理作业单时，填写工序步骤中的"工作"是"编号"*"期间"，指的是几个人总共工作了多长时间，是总工时。　56.√　57.√
58.×每个用户只能有一个账号，密码要保密，不能随意将用户账号和密码交给他人使用，如果由此造成的损失，由个人负责。　59.√

三、简答题答案

1. BA01输气站场站ESD如何执行？

①向站控和调控中心同时发出报警信号；②压气站内压缩机组紧急停机；③关闭站进、出口阀；④关闭压缩站内压缩机组的进、出口阀；⑤关闭机组燃料气隔离阀；⑥一旦确认站进、出口阀已关闭，自动打开站场、压缩机组和机组燃料气放空阀。

评分标准：答对①~④各占20%，答对⑤⑥各占10%。

2. BA01 出站泄压阀误动作处理方法？

① 站场尽量调低出站压力、必要时可以停泵；②及时关闭泄压阀前的阀门；③若停泵或甩泵后，立即通知调度降低上游站场的流量，提高下游站场的流量；④泄压阀前的阀门关闭后，恢复管线原先的流量、压力；⑤按程序汇报站领导；⑥做好事件记录。

评分标准：答对①~④各占20%，答对⑤⑥各占10%。

3. BA03 工艺参数变更工作主要内容有哪些？

① 根据生产运行实际情况，发现和上报不合理的工艺控制参数，并提出改进建议；②参与协助分公司生产科完成工艺及控制参数限值变更方案编制、申请；③参与工艺参数控制变更的方案实施、确认方案变更后的工艺参数，并对变更前后的工艺参数进行效果评价；④组织运行人员进行工艺及控制参数变更培训；⑤协助生产科组织相关报备材料。

评分标准：答对①~⑤各占20%。

4. BA05 作业文件的编制要求？

① 进行前期调研，收集、整理有关的图纸、说明书等技术资料；②精通作业项目的性能、原理、结构、操作要点、作业流程；③掌握作业项目安全规程、操作规程；④根据相关技术要求、技术资料及相关技术经验，编写作业文件初稿；⑤参与初稿审核及审核后的修订；⑥报上级主管部门审批、发布。

评分标准：答对①~④各占20%，答对⑤⑥各占10%。

5. BA07 当发生何种情况时，必须紧急停运混油处理装置？

① 装置发生火灾事故；②加热炉炉管烧穿，泄漏着火；③泵机组发生故障无法运行，备用机组无法启动；④水、电、汽、原料长时间中断；⑤其他一些紧急情况应停运处理的。

评分标准：答对①~⑤各占20%。

6. BB02 编制站内管道及部件维护保养计划的要求？

① 根据规范要求，组织编制站内管道及部件维护保养计划；②将编制好的计划报送主管部门进行审批；③参与维护保养工器具的准备工作，参与实施并做好技术指导和现场管理；④能发现实施过程中出现的问题，并进行处理或提出处理建议；⑤完成资料收集、归档相关工作。

评分标准：答对①~⑤各占20%。

7. BB03 在检修工作的编制过程中应考虑哪些内容？

① 检修工作尽量安排在上游单位、下游用户进行设备检修时进行；②应考虑维护周期对系统输量、上游供油单位和下游用户的影响；③还需要考虑新建、改扩建项目对输量的影响；④考虑各项维修任务的优先顺序，制订时间计划表。

评分标准：答对①~④各占25%。

8. BC01 简述 HAZOP 分析的目的？

① 根据统计资料，由于设计不良，将不安全因素带入生产中而造成的事故约占总事故的25%。为此，在设计开始时就应注意消除系统的危险性，可以极大地提高企业生产的安全性和可靠性；②危险与可操作性分析就是找出系统运行过程中工艺状态参数(如温度、压力、流量等)的变动以及操作、控制中可能出现的偏差或偏离，然后分析每一偏差产生的原因和造成的后果；③查找工艺漏洞，提出安全措施或异常工况的控制方案，避免安全事故发生和控制对生产的影响；④识别工艺生产或操作过程中存在的危害，识别不可接受的风险

状况。

评分标准：答对①~④各占 25%。

9. BC01HAZOP 分析前需要准备哪些资料？

最重要的资料是各种图纸，包括①工艺流程图；②平面布置图；③安全排放原则；④以前的安全报告；⑤操作规程与；⑥维护指导手册；⑦安全程序文件等。

评分标准：答对①~⑤各占 15%，答对⑥占 10%，答对⑦占 15%。

10. BC01HAZOP 分析实施分析步骤？

① 将工艺图或操作程序划分为分析节点或操作步骤，然后，用引导词找出过程的危险；②分析组对每个节点或操作步骤使用引导词进行分析，得到一系列的结果，偏差的原因、后果、保护装置、建议措施；需要更多的资料对偏差进行进一步的分析。

评分标准：答对①40%，答对②占 60%。

11. BC02 专业性检查的实施方法？

① 查看翻阅法。生产记录类，检查采用查看翻阅法，查看各种记录、输油设备设施运行数据。达到齐全、完整、无差错无漏记等良好标准。②现场巡视法。生产现场检查类，宜采用现场巡视法，巡视检查工艺管网完好无渗漏，查看设备、设施、管线卫生整洁，现场达到"三清四无五不漏"的完好标准等。③讨论沟通法。安全技能考核类宜采用讨论沟通法，了解员工能够按公司体系文件的规定进行本岗位潜在的风险识别和所指定的控制措施等，得到更为安全的工作方式。④询问听取法。适用于岗位生产技术考核，通过询问听取可检查异常情况的处理过程，是否消除隐患，能够处理生产异常情况；考核应对突发事件的处理能力等。

评分标准：答对①~④各占 25%。

12. BC03 简述实施锁定管理的重要性？

① 在管道输油气输送过程中，对设计及操作都有严格的操作规程和安全规程，达到遵守相应的国际标准，并有安全部门组织强制实施，然而生产和维护作业总是需要人为启停设备和自动控制系统，只要涉及人为干预，就可能发生误操作；②锁定管理是一种提高安全管理水平、减少安全事故发生的有效手段，是指采取一定的措施，使用一定的机械装置，在满足工艺要求的前提下，保持设备状态不变，防止因误动作和误操作而引起的人员伤害和设备损坏。

评分标准：答对①占 40%，答对②占 60%。

13. BC03 简述锁定管理部门锁上锁的要求？

① 所属各输油气单位生产部门根据运行需求指定需要进行锁定的设施，以书面通知形式下发至输油气站；②当站场计划对因隐患停用的设备或未投用的系统进行锁定时，需提交书面申请报告至生产部门，陈述进行锁定的必要性，审核同意后执行；③站场收到书面通知或批复报告后，站长或主管技术人员向值班人员说明锁定位置、数量并解释锁定的原因；④值班人员填写《锁定操作票》，领取部门锁、钥匙、锁定用具及锁吊牌，在站长或主管技术人员监督下进行锁定；⑤锁定完成后以书面形式向生产部门汇报。

评分标准：答对①~⑤各占 20%。

14. BC03 简述个人锁的解锁要求？

① 作业结束后，作业人员通知并得到监护人员许可后解锁；②在监护人监督下，由上

锁人分别摘除锁和锁吊牌；③作业人员将个人锁、钥匙、锁定用具、锁吊牌及《锁定操作票》交值班人员；④如出现上锁人将钥匙丢失的情况，作业监护人应向站长或主管技术人员申请使用备用钥匙。

评分标准：答对①~④各占25%。

15. BC03 简述锁具的管理？

① 输油气站根据本站具体情况在运行岗位配备锁具、锁吊牌、锁挂板。②每把锁具均应编号，并将主用钥匙插在锁上。锁具的规格一致。锁具只能用于锁定，不应用于其他用途。③每把锁具的主用钥匙应为唯一。作业结束后，锁具、锁吊牌、锁定用具及《锁定操作票》应一并交还值班人员。④个人锁锁定情况记录到运行交接班日记中；部门锁锁定情况记录到设备技术档案中。⑤值班人员负责建立并保管锁具动态管理台账，技术人员定期对锁具使用及备用情况进行检查，及时整改存在的问题，并记录于《锁具动态管理台账》。⑥站长或技术人员负责保管备用钥匙。

评分标准：答对①~④各占20%，答对⑤⑥占10%。

16. BC03 简述锁定管理锁具日常维护要求？

① 值班人员应每天检查被锁定的部位的牢靠性，锁具、锁吊牌的完好性，锁吊牌上的书写内容清晰；②值班人员应及时清理已上锁的各种锁具存在的锈蚀、污物；③每班检查锁具齐全、完好；④站长或主管技术人员应每月组织一次检查，确保锁定部位安全，锁具灵活、好用。

评分标准：答对①~④各占25%。

17. BC04 简述控制人的不安全行为的途径？

① 制订规章制度和操作规程规范其安全行为；②结合作业现场的具体情况和操作实际；③针对容易发生事故的重点部位作出具体明确的规定；④从本企业及同行业的事故中吸取教训；⑤要符合国家有关法律法规和标准。

评分标准：答对①~⑤各占20%。

18. BC04 物的不安全状态4大种类？

① 防护、保险、信号等装置缺乏或有缺陷；②设备、设施、工具、附件有缺陷；③个人防护用品用具缺少或有缺陷，如安全帽、防护眼镜、防护面罩、呼吸防护器、防噪声用具、皮肤防护用品等缺少或有缺陷；④生产(施工)场地环境不良。

评分标准：答对①~④各占25%。

19. BC04 消除物的不安全状态的措施？

① 采用新技术、新工艺、新设备，改善劳动条件；②采用安全防护装置，隔离危险部位；③作业人员配备必要的个人防护用品；④利用检查表及时发现不安全隐患，并进行整改；⑤按施工方案施工，落实各项安全技术措施。

评分标准：答对①~⑤各占20%。

20. BD03 项目开展前期工作需要准备哪些内容？

① 应组织开展项目委托设计、方案编制等工作；②并于当年12月底前将按管理权限审批过的设计方案等相关资料交经营计划科进行预算编制或概算初审等。

评分标准：答对①②各占50%。

21. BD01 编制项目建议书时建设理由应该注意哪些方面?

建设理由必须写明立项所依据的①国家或企业的有关标准、规范或②相关技术、检测报告等支持文件的条目或数据。

评分标准:答对①②各占50%。

22. BD02 技术方案至少应包括哪些内容?

①工程概况、主要工程量及技术经济指标;②编制工程技术方案的依据和原则,详细列出方案编制依据的标准、规范、管理办法和规定等,要求全面详细、有据可查;③工程技术方案的基础数据和工艺、热力、电力等参数的计算成果;④主要设备选型、方案设计总图、工作原理和流程示意图、控制原理图、主要部件图等;⑤消防、安全配置与环保;⑥施工内容及质量、安全技术要求;⑦QHSE 风险分析及防控措施;⑧投资估算及分析;⑨工程实施进度与安排等。

评分标准:答对③占20%,其他每项答对占10%。

23. BD03 对工程项目技术方案审查主要有哪些内容?

工程项目技术方案审查的主要内容有:①是否符合相关规程和标准;②是否满足生产实际需要;③方案是否合理,是否有多方案对比;④流程示意图、电气原理图、主要部件图等是否合理;⑤主要设备、材料选型、重要部件结构是否合理;⑥HSE 等方面是否符合要求等。

评分标准:答对 6 占10%,其他每项答对占16%。

24. BE01 技术资料档案管理的"八防"要求包括哪些内容?

业务描述:技术资料档案室要配备档案防护设施、设备,做好档案"①防盗、②防火、③防潮、④防虫、⑤防光、⑥防尘、⑦防有害气体、⑧防污染"等"八防"工作。

评分标准:答对①~⑥各占12%,答对⑦⑧各占14%。

25. BE01 生产记录的编码要求有哪些?

业务描述:①对于目前已经在业务流程中形成的记录,仍沿用内控业务流程的样式和表单号;②对于新产生的记录,按照《体系文件编写指南》进行编码。

评分标准:答对①②各占50%。

26. BE02《站内管道及部件台账》包括哪些内容?

业务描述:台账内容包含①编号;②管道名称;③起止点位置;④长度;⑤外径、⑥厚度;⑦材质;⑧设计温度;⑨设计压力;⑩工作介质;⑪投产时间;⑫检测情况等必要内容。

评分标准:答对①~⑩各占8%,答对⑪⑫各占10%。

27. BE03 什么是非线路类自行处理业务?

业务描述:①当站场管道及部件发生故障或需进行维护保养时;②站员不需上报分公司,但必须马上上报站长;③由站长审批报修单;④站员创建自行处理作业单进行故障处理。

评分标准:答对①~④各占25%。

28. BE03 什么是线路类一般故障维修业务?

业务描述:①当线路管道及部件发生故障或需进行维护保养时;②站员马上上报站长;③由站长审批报修单;④之后由二级单位相关科室创建故障作业单;⑤同时二级单位科室人

员判断故障是由谁进行处理。

评分标准：答对①~⑤各占20%。

29. BE03非线路类自行处理业务流程中，工艺工程师负责哪几个部分？

业务描述：①创建非线路类故障报修单；②创建非线路类自行处理作业单；③打印订单、领料、实际施工、验收；④维修作业完工确认；⑤填写失效信息；⑥确认问题已排除；⑦关闭非线路类故障报修单；⑧关闭非线路类自行处理作业单。

评分标准：答对①~⑥要点中的任一个占12%，答对⑦⑧各占14%。

30. BE03 PPS系统应用中，审核流转中、进行中和历史场站作业的基本概念分别是什么？

业务描述：①如果场站作业计划刚提交，还没有被审核，则属于审核流转中的场站作业；②如果场站作业计划已经被审核通过，且在作业时间内，则属于进行中的场站作业；③如果场站作业时间已过，相应的作业会放到历史作业中，属于历史场站作业。

评分标准：答对①③各占30%，答对②占40%。

中级资质工作任务认证

中级资质工作任务认证要素细目表

模块	代码	工作任务	认证要点	认证形式
一、工艺技术管理	S-GY-01-Z02	审核操作票与操作监督	监督操作票的实施	步骤描述
	S-GY-01-Z05	作业文件的编制	编写作业文件	方案编制
	S-GY-01-Z06	油气管道清管作业实施	组织实施清管作业	步骤描述
	S-GY-01-Z07	成品油顺序输送混油切割与处理	编制混油处理装置启运方案	方案编制
二、站内管道及部件的管理	S-GY-02-Z02	站内管道及部件维护保养计划编制	编制站内管道及部件维护保养计划	方案编制
三、工艺安全管理	S-GY-03-Z01	站场 HAZOP 分析的实施	编制 HAZOP 分析的步骤	步骤描述
	S-GY-03-Z02	专业安全生产检查	检查问题原因分析及整改	步骤描述
	S-GY-03-Z03	油气管道设施锁定管理	进行个人锁定的锁定方法	技能操作
	S-GY-03-Z04	作业现场安全管理	作业现场风险识别、评价与制订控制措施	步骤描述
四、站场工程项目管理	S-GY-04-Z01	项目建议书编制	编制专项项目建议书	步骤描述
	S-GY-04-Z02	项目实施准备	审查承包商项目实施前需具备的条件	步骤描述
五、工艺基础管理	S-GY-05-Z01	工艺基础技术资料管理	技术资料整理归档	步骤描述
	S-GY-05-Z02	ERP 应用	线路类自行处理业务流程操作	技能操作
	S-GY-05-Z03	PPS 应用	填报 PPS 场站作业计划	技能操作

中级资质工作任务认证试题

一、S-GY-01-Z02 审核操作票与操作监督——监督操作票的实施

1. 考核时间：40min。
2. 考核方式：步骤描述。
3. 考核评分表。

考生姓名：_____   单位：_____

序号	工作步骤	工作标准	配分	评分标准	扣分	得分	考核结果
1	操作模拟	组织操作人员模拟操作	10	未开展模拟操作扣10分			
2	落实风险控制措施	操作票中风险控制措施落实到位，所有的风险在可控范围内	30	未落实一项措施扣5分			
3	确认参数变化	密切关注参数情况，及时确认参数变化	20	未确认参数变化扣20分			
4	监督操作过程	监督操作员完成每项操作后在操作票上进行销项确认	30	①未发现操作人员操作错误扣20分；②操作票未销项扣10分			
5	应急处理	①当设备出现异常，能立即停止操作并进行应急处置；②当操作出现错误，能立即采取补救甚至应急措施	10	出现异常情况不能采取应急措施扣10分			
	合计		100				

考评员   年　　月　　日

二、S-GY-01-Z05 作业文件的编制——编写作业文件

1. 考核时间：35min。
2. 考核方式：方案编制。
3. 考核评分表。

考生姓名：_____   单位：_____

序号	工作步骤	工作标准	配分	评分标准	扣分	得分	考核结果
1	作业文件的格式	按规定的作业文件的标准格式进行编制	10	未按规定标准格式编制每处扣2分			
2	前期准备	准备的内容：①进行前期调研；②有关的图纸和说明书等技术资料；③作业项目的性能、原理、结构、操作要点和作业流程；④作业项目安全规程、操作规程	40	每缺一项的内容扣10分			
3	作业文件的内容	作业文件内容包括：①对作业内容说明做的方式步骤和要求以及行为标准；②管理规定和制度；③被提升为公司企业技术标准的操作规程或规定；④应急计划	40	作业内容不正确、每缺一项内容扣10分			

续表

序号	工作步骤	工作标准	配分	评分标准	扣分	得分	考核结果
4	作业文件提交	①提交作业文件并参与审核；②按照审核要求进行修改直至审核通过	10	每缺一项的内容扣5分			
		合计	100				

考评员　　　　　　　　　　　　　　　　　　　　　　　　　年　　月　　日

三、S-GY-01-Z06 油气管道清管——组织实施清管作业

1. 考核时间：40min。

2. 考核方式：步骤描述。

3. 考核评分表。

考生姓名：_____　　　　　　　　　　　单位：_____

序号	工作步骤	工作标准	配分	评分标准	扣分	得分	考核结果
1	检查设备	①检查现场清管器规格尺寸；②发射机技术参数；③接收机技术参数	15	每缺一项的内容扣5分			
2	检查站场设施	①发球筒；②收球筒；③阀门；④仪表；⑤排污系统；⑥放空系统；⑦及周围环境情况	35	每缺一项的内容扣5分			
3	检查风险防范和处理落实到位	①清管风险识别；②风险预防措施；③应急处理	15	每缺一项的内容扣5分			
4	现场监督清管器发送或接收流程切换及操作	①监督流程切换；②监督接收/发送清管器操作	20	每缺一项的内容扣5分			
5	清管器的跟踪	①跟踪各组范围；②跟踪要求；③跟踪汇报	15	每缺一项的内容扣5分			
		合计	100				

考评员　　　　　　　　　　　　　　　　　　　　　　　　　年　　月　　日

四、S-GY-01-Z07 成品油顺序输送混油切割与处理——编制混油处理装置启运方案

1. 考核时间：30min。

2. 考核方式：方案编制。

3. 考核评分表。

考生姓名：_____   单位：_____

序号	工作步骤	工作标准	配分	评分标准	扣分	得分	考核结果
1	运行前检查	①加热炉处于备用状态； ②蒸汽锅炉处于备用状态； ③机泵系统处于备用状态； ④冷却水系统处于备用状态； ⑤油罐区流程正确； ⑥混油处理工艺及控制系统完备； ⑦供电系统完好； ⑧辅助系统完好	32	每缺一项的内容扣4分			
2	进料	①导通混油处理工艺进料流程； ②启动进料泵； ③当分馏塔液位在规定范围内时，停进料泵	15	每缺一项的内容扣5分			
3	冷却水循环	①导通冷却循环水流程； ②启动循环水泵，开启冷却水风机，建立冷却水循环； ③检查冷却水补水系统正常	15	每缺一项的内容扣5分			
4	塔底循环	启动柴油泵，建立塔底循环	5	未建立塔底循环扣5分			
5	蒸汽锅炉系统	蒸汽压力不低于规定值	5	蒸汽压力低于规定值扣5分			
6	热媒循环	①导通热媒系统； ②启动热媒循环泵	10	每缺一项的内容扣5分			
7	启动加热炉	建立系统温度场	5	未建立温度场扣5分			
8	循环补料	当分馏塔液位低于规定值时，启动进料泵补料	5	无补料过程扣5分			
9	产品产出	①塔底温度达到规定值时，取柴油样化验，合格进柴油罐； ②同时取汽油样化验，合格进汽油罐	8	每缺一项的内容扣4分			
	合计		100				

考评员   年 月 日

五、S-GY-02-Z02 站内管道及部件维护保养计划编制——编制站内管道及部件维护保养计划

1. 考核时间：30min。
2. 考核方式：方案编制。
3. 考核评分表。

考生姓名：_____ 单位：_____

序号	工作步骤	工作标准	配分	评分标准	扣分	得分	考核结果
1	开展风险评价	采用基于风险的检测（RBI）方法进行评价	20	未进行评价扣20分			
2	工作量分析	工作量较大的维护应在对管道输量影响最小的时候进行	40	①未进行工作量分价扣20分；②未合理安排保养时间扣20分			
3	分析影响范围	①对管道输量影响较大的维护工作，应保证安全条件下进行，或者安排在上游单位、下游用户进行设备检修时进行；②影响较小的维护应考虑与影响较大的维护工作同步进行	20	①未进行影响范围扣10分；②未合理安排保养时间扣10分			
4	编制维护保养计划	①安排站内管道及部件定期维护保养；②安排站内管道及部件临时性维护保养	20	①未安排定期维护保养计划扣10分；②未安排临时性维护保养计划扣10分			
	合计		100				

考评员 年 月 日

六、S-GY-03-Z01 站场 HAZOP 分析的实施——编制 HAZOP 分析的步骤

1. 考核时间：30min。
2. 考核方式：步骤描述。
3. 考核评分表。

考生姓名：_____ 单位：_____

序号	工作步骤	工作标准	配分	评分标准	扣分	得分	考核结果
1	确定分析对象及目的	①确定分析的对象、目的和范围分析对象通常是由工艺装置或项目的负责人确定；②制订分析计划开展分析工作，并确定应当考虑到哪些危险后果	20	①未确定分析的对象，扣10分；②未制订分析计划扣10分			
2	组成分析组	①HAZOP分析组由5~7人组成；②包括负责人、记录员、工艺技术人员、仪表及控制工程师、安全管理人员及熟悉过程设计和操作的人员	15	①未组建HAZOP分析组，扣5分；②组建HAZOP分析组的人员描述不清楚或不全面扣10分			
3	资料准备	收集各种资料、图纸，包括工艺流程图、平面布置图、安全排放原则、以前的安全报告、操作规程与维护指导手册、安全程序文件等	20	收集的各种资料、图纸，不齐全扣20分			

161

续表

序号	工作步骤	工作标准	配分	评分标准	扣分	得分	考核结果
4	实施分析	将工艺图或操作程序划分为分析节点或操作步骤，然后，用引导词找出过程的危险	10	未将工艺图、操作程序划分为分析节点或操作步骤，扣10分			
		分析组对每个节点或操作步骤使用引导词进行分析，得到一系列的结果。①偏差的原因、后果、保护装置；②需要更多的资料对偏差进行进一步的分析	20	①未分析产生偏差的原因、后果、保护装置，扣10分；②没有对偏差进行进一步的分析，扣10分			
5	完成分析报告	①签署文件；②完成分析报告；③跟踪安全措施执行情况	15	①未签署文件；扣2分；②未完成分析报告，扣10分；③未跟踪安全措施执行情况，扣3分			
	合计		100				

考评员 　　　　　　　　　　　　　　　　　　　　　　年　月　日

七、S-GY-03-Z02 专业安全生产检查——检查问题原因分析及整改

1. 考核时间：40min。
2. 考核方式：步骤描述。
3. 考核评分表。

考生姓名：＿＿＿＿＿＿＿＿　　　　　　　　　　单位：＿＿＿＿＿＿＿＿

序号	工作步骤	工作标准	配分	评分标准	扣分	得分	考核结果
1	检查发现	提出安全生产检查发现的问题，及其危害	15	未提出问题及危害扣20分			
2	原因分析	对检查发现的问题进行原因分析	25	未对问题分析扣25分			
3	整改措施	①制订整改计划、措施，按整改计划、措施对问题项进行整改；②对于班组不能解决的问题，专业部门要编制书面原因说明并制订整改计划，上报站队主管领导审核批准后实施；③专业检查后发现的问题要形成问题清单，逐项进行跟踪，直至问题关闭	35	①未制订整改计划、措施，扣10分。②对于暂时不能解决的问题，未制订整改计划，扣10分。③专业检查后发现的问题未逐项进行跟踪，直至问题关闭扣15分			
4	自检	被检班组或部门负责人对检查中发现的问题进行整改，并自检整改情况符合要求	25	验证人员未签字扣25分			
	合计		100				

考评员 　　　　　　　　　　　　　　　　　　　　　　年　月　日

八、S-GY-03-Z03 油气管道设施锁定管理——进行个人锁定的锁定

1. 考核时间：20min。
2. 考核方式：技能操作。
3. 考核评分表。

考生姓名：_____   单位：_____

序号	工作步骤	工作标准	配分	评分标准	扣分	得分	考核结果
1	锁定情况判定	组织作业人员对作业过程的危险源进行识别，锁定的部位	5	未组织对作业过程的危险源进行识别，锁定的部位扣5分			
2	锁定要求	①工艺管线系统检(维)修作业时，应对与检(维)修管线直接连接的上下游带压的阀门分别进行锁定	5	①未确定带压阀门的方式扣5分			
		②压力容器检(维)修作业时，应对与作业压力容器进口、出口阀门及与其直接连接且上游带压的阀门分别进行锁定	5	②未确定压力容器检(维)修作业时的锁定方式扣5分			
		③放空、排污系统检(维)修作业时，应对与作业管段直接连接的上下游带压的放空、排污阀分别进行锁定。对于放空、排污系统与上游连接管线过多的情况可以考虑锁定与打盲板结合的方式	5	③未确定放空、排污系统检(维)修作业时的锁定方式扣5分			
		④当需要锁定的阀门是电动阀门时，应将转换开关拨到停止位置并锁定，同时将手轮进行锁定	5	④未确定电动阀门的锁定方式扣5分			
3	上锁	①参加作业人员应与熟悉现场的主管技术人员对作业过程可能造成意外伤害的危险源进行识别，确定危险源及需要锁定的部位，并在作业方案中明确具体锁定方案	5	①未对作业过程危险源进行识别，未确定危险源及需要锁定的部位，扣5分			
		②站长或主管技术人员组织相关人员依据锁定方案进行锁定，并指定作业监护人负责该项作业	5	②未依据锁定方案进行锁定，未指定作业监护人负责该项作业，扣5分			
		③作业监护人通知作业人员对预先确定的设备进行锁定，解释锁定的原因，说明锁定要求和方法	5	③未通知作业人员对预先确定的设备进行锁定，扣5分			
		④作业人员填写《锁定操作票》向值班人员领取个人锁、钥匙、锁定用具及锁吊牌	10	④未填写《锁定操作票》领取个人锁、钥匙、锁定用具及锁吊牌扣10分			

续表

序号	工作步骤	工作标准	配分	评分标准	扣分	得分	考核结果
3	上锁	⑤作业监护人监督作业人员对设备逐一进行锁定和锁吊牌，作业人员将钥匙随身携带	10	⑤作业人员未将钥匙随身携带，扣10分			
		⑥根据作业需要，多名作业人员应对影响自身安全的同一部位各自锁定	10	⑥多名作业人员未对同一部位各自锁定，扣10分			
4	解锁	①作业结束后，作业人员通知并得到监护人员许可后解锁； ②在监护人监督下，由上锁人分别摘除锁和锁吊牌； ③作业人员将个人锁、钥匙、锁定用具、锁吊牌及《锁定操作票》交值班人员； ④如出现上锁人将钥匙丢失的情况，作业监护人应向站长或主管技术人员申请使用备用钥匙	15	①作业人员未通知监护人解锁扣8分； ②未在监护人监督下，解锁扣3分； ③未将锁具交值班员，扣3分； ④上锁人将钥匙丢失，作业监护人未申请使用备用钥匙扣3分			
5	应急解锁	①启动应急解锁程序后，值班人员通知解锁区域内所有作业人员即将解锁； ②开锁前，值班人员应与上锁作业人员联系确定设备的状态； ③上锁作业人员退出工作状态后，在确认安全的情况下立即拆除锁和锁吊牌； ④值班人员记录应急解锁情况，并向上级主管部门汇报应急解锁情况	15	①应急解锁，值班员未通知解锁区域内作业员解锁，扣10分； ②开锁前，值班员未与上锁作业人员确定设备的状态，扣4分； ③上锁作业人员退出工作状态后，未确认安全情况下拆除锁和锁吊牌，扣3分； ④值班未向上级汇报应急解锁情况，扣3分			
	合计		100				

考评员　　　　　　　　　　　　　　　　　　　　　　　　　　　年　　月　　日

九、S-GY-03-Z04 作业现场安全管理——作业现场风险识别、评价与制定控制措施

1. 考核时间：60min。

2. 考核方式：步骤描述。

3. 考核评分表。

考生姓名：_____　　　　　　　　　　　　单位：_____

序号	工作步骤	工作标准	配分	评分标准	扣分	得分	考核结果
1	作业现场风险识别	技术人员应组织作业人员进行作业现场的风险识别	10	未组织作业人员进行作业现场的风险识别扣10分			
		申请人对申请的作业进行作业现场风险识别、评价，进行作业安全分析	10	未进行作业安全分析扣10分			
		对于一份作业许可证下的多种类型作业，考虑作业类型、作业内容、交叉作业界面、工作时间等各方面因素，统一完成风险识别	15	对多种类型作业未统一完成风险识别扣15分			
2	风险评价	根据现场的风险识别，采用矩阵或LEC法进行风险评价，确定危害等级	10	未进行风险评价，确定危害等级，扣10分			
3	制定控制措施	根据评价出的危害等级，制订控制措施并严格执行。进行系统隔离、吹扫、置换	15	未根据评价出的危害等级制订控制措施扣15分			
		进行含氧量、有毒有害气体、易燃易爆气体、粉尘的作业环境的气体检测，填写气体检测记录，注明气体检测的时间和检测结果；并确认检测结果合格	20	未进行气体检测扣15分。未填写气体检测记录，注明气体检测的时间和检测结果扣5分			
		凡是涉及有毒有害、易燃易爆作业场所的作业，应按照相应要求配备个人防护装备，并监督相关人员佩戴齐全，执行《劳动防护用品使用及管理规定》	20	作业场所的作业，未按照相应要求配备个人防护装备扣20分			
	合计		100				

考评员　　　　　　　　　　　　　　　　　　　　　　年　　月　　日

十、S-GY-04-Z01 站场工程项目管理——编制专项维修项目建议书

1. 考核时间：40min。

2. 考核方式：步骤描述。

3. 考核评分表。

考生姓名：_____   单位：_____

序号	工作步骤	工作标准	配分	评分标准	扣分	得分	考核结果
1	编制建设理由	必须写明立项所依据的国家或企业的有关标准、规范或相关技术、检测报告、公司相关职能部门批复文件或者地方政府文件等支持文件的条目、数据或文号，并对照规程、标准、文件中的相关要求，结合实际情况阐述立项理由。设备及设施类项目要明确说明设备型号、投产时间、大修次数、上次改造或大修时间及现状等内容，并注明资产原值和净值	26	无立项依据扣 6 分；没有阐述立项理由扣 20 分。设备及设施类项目没有明确说明设备型号、投产时间、大修次数、上次改造或大修时间及现状等内容，每项扣 4 分；没有注明资产原值和净值，每项扣 3 分			
2	确定项目属性	项目属性包括站场项目、管道项目、矿区托管项目、其他项目 4 类，应说明项目所属类型	10	没说明项目所属类型扣 10 分			
3	描述工程概况和工程量	描述本次项目需维修的内容及方式；工程量要求必须准确，并须附能说明情况的现场图片	30	没有描述维修内容及方式，每项扣 15 分；工程量不准确扣 8 分；没有附图扣 2 分			
4	列出各工程量的投资概算	用表格列出每项工程量所需费用	20	按照工程量每缺少一项扣 5 项			
5	预测效益估算	初步预测该项目实施后将收到的效益	4	没预测项目实施收到的效益扣 4 分			
6	对项目实施计划进行安排	应明确具体的计划开工日期及完工日期	10	没有具体的计划开工日期和完工日期扣 5 分			
	合计		100				

考评员   年   月   日

十一、S-GY-04-Z02 项目实施准备——审查承包商项目实施前需具备的条件

1. 考核时间：20min。
2. 考核方式：答辩。
3. 考核评分表。

考生姓名：_____   单位：_____

序号	工作步骤	工作标准	配分	评分标准	扣分	得分	考核结果
1	审查承包商资质	输油气单位所有工程技术及其他服务项目均应优先选择在公司办理准入的承包方。项目金额 20 万元以下，在公司准入企业范围内选择承包方确有困难的，可在本单位审批准入的承包方中选择	20	没回答出承包商优先在公司准入范围内选择扣 15 分；没补充项目金额 20 万元以下的承包商可在本单位审批范围内选择扣 5 分			

序号	工作步骤	工作标准	配分	评分标准	扣分	得分	考核结果
2	审查施工方案	①是否符合相关规程和标准；②是否满足生产实际需要；③方案是否合理，是否有多方案对比；④流程示意图、电气原理图、主要部件图等是否合理；⑤主要设备、材料选型、重要部件结构是否合理；⑥HSE等方面是否符合要求等	30	审查施工方案的要求，每回答缺少一项扣5分			
3	检查开工条件	①对施工现场准备情况、施工方案、作业计划书、开工报告进行检查；②开工报告经过主管经理审核通过后，方可开始施工	20	检查内容每缺少一项扣3分；开工报告没有经过主管经理审核，没回答扣8分			
4	技术交底	①参加技术交底会部门：设计单位、承包单位、监理单位和建设单位；②会议内容应包括工程技术要求、风险识别及消减措施、现场HSE管理要求、工期安排、资料管理要求等相关内容	30	参加技术交底的部门，回答每缺少一项扣3分；会议内容回答每缺少一项扣3分			
	合计		100				

考评员　　　　　　　　　　　　　　　　　　　　　　　年　　月　　日

十二、S-GY-05-Z01 工艺基础技术资料管理——技术资料整理归档

1. 考核时间：20min。
2. 考核方式：步骤描述。
3. 考核评分表。

考生姓名：＿＿＿＿＿＿＿＿　　　　　　　　　　单位：＿＿＿＿＿＿＿＿

序号	工作步骤	工作标准	配分	评分标准	扣分	得分	考核结果
1	确定归档文件材料的样式与数量	①归档的文件材料应为原件，且一式一份(套)；②归档纸制材料的同时，相应的电子文件一并归档	20	①文件材料原件未进行一式一份归档扣10分；②电子文件未同纸质材料一并归档扣10分			
2	确保归档文件材料齐全、完整、准确	①齐全是指按照归档范围应归档的文件材料全部归档；②完整是指每件文件材料的正文与附件、正文与定稿、请示件与批复件、转发件与被转发件、荣誉档案与说明荣誉档案的通报等文字材料、纸质件与电子件都要完整；③准确是指归档文件材料内容真实，签署和用印符合文书工作规范，纸质件与电子件内容相符	40	①归档文件材料不齐全扣10分；②其中的各个项目有一项不完整扣3分；③其中归档文件材料内容不真实扣4分，签署和用印符合文书工作不规范扣4分，纸质件与电子件内容不相符扣4分			

续表

序号	工作步骤	工作标准	配分	评分标准	扣分	得分	考核结果
3	确保归档文件材料的耐久性	①归档文件材料的载体和字迹须符合耐久性要求；②装订应使用不易生锈材料	10	①②中有一处不符合要求扣5分			
4	正确归档外文材料	归档文件材料是外文的，应将①文件材料题名、②责任者翻译成中文与原件一起归档	10	①②中有一处未翻译并归档扣5分			
5	正确归档基本建设项目文件材料	基本建设项目文件材料必须签署手续完备，并由项目负责人签字核准	10	文件材料签署手续不完备扣10分；项目负责人未签字核准扣5分			
6	正确归档声像材料	归档的声像材料应按照精练、完整的要求，①填写内容、时间、地点、人物、背景及摄录人姓名；②保证载体清洁、耐久和内容真实、可读	10	①其中一处未正确填写扣1分；②载体不清洁、耐久扣2分，内容不真实、可读扣2分			
	合计		100				

考评员　　　　　　　　　　　　　　　　　　　　　　　　　　　　　　　　　　年　　　月　　　日

十三、S-GY-05-Z02 ERP 应用——线路类自行处理业务流程操作

1. 考核时间：30min。
2. 考核方式：技能操作。
3. 考核评分表。

考生姓名：_____　　　　　　　　　　　　　　　　单位：_____

序号	工作步骤	工作标准	配分	评分标准	扣分	得分	考核结果
1	创建线路类故障报修单	进入建立 PM 通知单的界面；按照假设的某线路故障信息填写：①相关数据；②故障时间；③报修位置的里程桩；生成报修单	15	未进入界面扣15分；发现①②③中的一处填写错误扣5分；未生成报修单扣分15分			
2	创建线路类自行处理作业单	进入更改报修单界面，①填写工序；②组件；③订单的 WBS 计划号；④手动选择"待审"	20	发现①②③④中的一处填写错误扣5分			
3	打印订单、领料、实际施工、验收	正确打印订单、领料、实际施工、验收	10	打印不成功扣10分			
4	维修作业完工确认	进入完工确认界面，①填写订单号；②逐个确认每一步工序已完成	10	未能正确进入完工确认界面扣10分；发现①②中的一处填写错误扣5分			

序号	工作步骤	工作标准	配分	评分标准	扣分	得分	考核结果
5	填写失效信息	进入填写界面，填写： ①通知单号； ②相应信息的代码组； ③保存	15	未能正确进入填写界面扣15分；发现①②③中的一处填写错误扣5分			
6	确认问题已排除	①进入修改通知单的界面； ②选择"问题已排除"选项； ③保存	10	未正确进入修改界面扣10分；发现②③中的一处错误扣5分			
7	关闭线路类故障报修单	①进入通知单界面； ②点击"完成"按钮； ③保存	5	未正确进入通知单界面扣5分；未正确关闭保修单扣5分			
8	关闭线路类自行处理作业单	①使用ZR6PMRP001-工单状态修改代码进入工单状态修改界面； ②查找订单； ③选中所需订单； ④点击关闭； ⑤退出	15	未正确进入修改界面扣15分；工单选择错误扣10分；未正确关闭扣15分			
	合计		100				

考评员　　　　　　　　　　　　　　　　　　　　　　　年　　月　　日

十四、S-GY-05-Z03 PPS 应用——填报 PPS 场站作业计划

1. 考核时间：20min。
2. 考核方式：技能操作。
3. 考核评分表。

考生姓名：＿＿＿＿＿＿＿＿　　　　　　　　　　单位：＿＿＿＿＿＿＿＿

序号	工作步骤	工作标准	配分	评分标准	扣分	得分	考核结果
1	进入场站作业计划填报页面	①登录某输油气站场PPS系统； ②点击"值班调度"； ③点击"场站作业计划"； ④进入填报页面	20	发现①②③④中的任一处错误扣5分			
2	填写场站作业信息	在填报页面上选择①管线；②作业范围；③作业名称；④作业类型；⑤预计开始时间；⑥预计结束时间；⑦填写作业内容；⑧上传对应的附件；⑨点击"上传"按钮	60	发现①②③④⑤⑥中的一处错误扣5分；发现⑦⑧⑨中的一处错误扣10分			
3	提交至审核人	①选择对应的审核人；②点击"提交"即可上传场站作业计划	20	发现①②中的一处操作错误扣10分			
	合计		100				

考评员　　　　　　　　　　　　　　　　　　　　　　　年　　月　　日

高级资质理论认证

高级资质理论认证要素细目表

行为领域	代码	认证范围	编号	认证要点
专业知识 B	A	工艺技术管理	01	输油气运行工况分析
			02	审核操作票与操作监督
			03	工艺及控制参数限值变更
			04	编制月度工作计划
			05	作业文件的编制
			06	油气管道清管作业方案编制及实施
			07	成品油顺序输送混油切割与处理
			08	站内工艺管网投产
	B	站内管道及部件的管理	01	站内管道及部件的日常巡护
			02	站内管道及部件维护保养
			03	站内管道及部件检修
	C	工艺安全管理	01	站场 HAZOP 分析与实施
			02	专业安全生产检查
			03	油气管道设施锁定管理
			04	作业现场安全管理
	D	站场工程项目管理	01	项目实施准备
	E	工艺基础管理	01	工艺基础技术资料管理
			02	站内管道及部件台账管理
			03	管理系统应用

高级资质理论认证试题

一、单项选择题(每题4个选项,将正确的选项号填入括号内)

第二部分　专业知识

工艺技术管理部分

1. BA01 密闭运行的管道,有许多因素可以引起运行工况的变化,根据工况变化原因,可将其分为(　　)变化。
A. 正常工况和常规工况　　　　　　　B. 正常工况和异常工况
C. 长期工况和短时工况　　　　　　　D. 设备工况和操作工况

2. BA01 以下哪项为正常工况(　　)。
A. 干线泄漏　　　　　　　　　　　　B. 油品分输
C. 干线阀门无法故障　　　　　　　　D. 清管器站间卡堵

3. BA02 审核操作票内容是,不需要考虑的问题是(　　)。
A. 全面性　　　　　　　　　　　　　B. 正确性
C. 应急响应　　　　　　　　　　　　D. 操作人员资质

4. BA04 下列不属于岗位集中巡检的内容是(　　)。
A. 工艺运行参数
B. 值班员巡检数据填入的及时和准确性
C. 阀门状态
D. 值班记录及调度令执行情况

5. BA05 作业文件编制完成后须报(　　)审批、发布。
A. 上级主管部门　　　B. 站领导　　　C. 班组长　　　D. 值班干部

6. BA06 油气管道在(　　)情况下不应安排清管作业。
A. 管线在新投产后　　　　　　　　　B. 内检测前
C. 运行中能力降低　　　　　　　　　D. 管线经常性停输

7. BA06 新建管道应在投产(　　)内进行首次清管作业。
A. 3个月至6个月　　　　　　　　　　B. 6个月至9个月
C. 6个月至12个月　　　　　　　　　 D. 12个月至15个月

8. BA06 天然气管道两次清管最长时间间隔不宜超过(　　)年。
A. 1　　　　　　B. 2　　　　　　C. 3　　　　　　D. 4

9. BA06 原油管道内壁平均结蜡厚度大于(　　)时应进行清管作业。
A. 2mm　　　　　B. 3mm　　　　　C. 4mm　　　　　D. 5mm

10. BA06 对于天然气管道的清管作业,以下哪项是错误的(　　)。
A. 清管作业宜安排在地温较高的季节进行
B. 清管器收发作业宜采用现场操作,收球流程应在清管器进站前2h完成切换

C. 清管站间同一管段不宜同时运行两个清管器

D. 清管器接收筒内应放置轮胎、清管球等橡胶缓冲物

11. BA07 掺混时为保证油品质量，汽油中掺柴油主要控制汽油的(　　)。

A. 干点　　　　　　B. 闪点　　　　　　C. 辛烷值　　　　　　D. 凝点

12. BA07 以下哪个故障不会引起拔头装置加热炉自动熄火(　　)

A. 进料泵(热媒泵)抽空或切换油泵失误

B. 燃料油控制阀关闭，燃料油中断

C. 燃料油泵抽空或电机跳闸

D. 燃料油液面过低或含水严重

站内管道及部件的管理部分

13. BB01 对站内管道及部件巡检时，需注意站内地上工艺管网无(　　)等缺陷。

A. 锈蚀、变形　　　B. 渗漏　　　　　　C. 风化　　　　　　D. 下沉

14. BB02 站内管道及部件维护保养计划中，采用基于(　　)的检测方法进行评价。

A. 过程　　　　　　B. 结果　　　　　　C. 风险　　　　　　D. 时间

15. BB03 工艺工程师在对编制站内管道及部件检修计划前需对(　　)进行识别、提出处理意见。

A. 设备隐患　　　　B. 作业风险　　　　C. 设备状态　　　　D. 仪表参数

工艺安全管理部分

16. BC01 HAZOP 分析的目的是尽可能将危险消灭在项目实施早期设计、操作程序和设备中的潜在危险，将项目中的危险尽可能消灭在项目实施的(　　)。

A. 早期阶段　　　　B. 后期阶段　　　　C. 中期阶段　　　　D. 前阶段

17. BC02 专业检查表与日常定期检查表要有区别。专业检查表应详细、突出专业设备安全参数的定量界限，而日常检查表尤其是岗位检查表应简明扼要，突出关键和(　　)。

A. 设备　　　　　　B. 设施　　　　　　C. 重点部位　　　　D. 流程

18. BC03 部门锁在开锁前，主管技术人员应确认设备的状态，在(　　)的情况下，立即拆除锁和锁吊牌。并通知相关岗位值班人员。

A. 稳定　　　　　　B. 安全　　　　　　C. 关闭　　　　　　D. 开启

19. BC03 上锁作业人员退出工作状态后，在确认安全的情况下立即拆除锁和(　　)。

A. 吊牌　　　　　　B. 挂牌　　　　　　C. 锁吊牌　　　　　D. 铭牌

20. BC03 开锁前，值班人员应与上锁作业人员联系确定设备的(　　)。

A. 形态　　　　　　B. 设施　　　　　　C. 良好　　　　　　D. 状态

21. BC05 启动应急解锁程序后，值班人员通知解锁区域内所有作业人员即将(　　)。

A. 解锁　　　　　　B. 除锁　　　　　　C. 开锁　　　　　　D. 上锁

22. BC03 应急解锁是指在紧急情况下，因生产运行或事故处理的紧急需要，需要提前解锁的工作，(　　)决定启动应急解锁程序。

A. 技术员　　　　　B. 站长　　　　　　C. 班长　　　　　　D. 组长

23. BC04 作业的执行人员须经过安全与技能的教育培训；特种作业人员必须持国家及

地方政府有关部门颁发的( )。

    A. 技术证书　　　　　B. 合格证书　　　　　C. 资质证书　　　　　D. 特种作业证书

工程项目管理部分

24. BD01 在《承包方市场准入管理规定》中规定"输油气单位所有工程技术及其他服务项目均应优先选择在公司办理了准入的承包方。项目金额( )以下，在公司准入企业范围内选择承包方确有困难的，可在本单位审批准入的承包方中选择"。

    A. 15 万元　　　　　B. 20 万元　　　　　C. 25 万元　　　　　D. 30 万元

25. BD01 计划投资额( )及以下工程项目。该类工程技术方案由各输油气单位自行组织审查，并形成审查意见。

    A. 20 万元　　　　　B. 30 万元　　　　　C. 40 万元　　　　　D. 50 万元

26. BD01 输油气站的站长、安全员和技术员应熟悉工程项目的 HSE 要求，加强现场的 HSE 管理，每( )小时至少到现场进行一次 HSE 检查，发现问题后及时反馈给项目主管单位和项目实施单位，并督促现场整改。

    A. 8　　　　　B. 12　　　　　C. 24　　　　　D. 48

工艺基础管理部分

27. BE01 工艺工程师负责定期收集整理本岗位产生的记录报表，编制记录清单，并将记录报表按( )装订成册后保存，凡上报或归档的记录，站场应存底。

    A. 时间顺序　　　　　B. 岗位种类　　　　　C. 管理人员姓名　　　　　D. 记录内容

28. BE01 站场人员需要检索查询或借阅已归档的生产记录，须经所在站队负责人批准。若检索涉及企业保密内容的记录时，记录的保管站队经( )批准后方可提供相应的记录。可根据记录清单进行快速检索。

    A. 分公司经理　　　　　　　　　　B. 站队负责人

    C. 主管副总经理　　　　　　　　　D. 生产处主管副处长

29. BE01 与产品有关的记录应满足产品周期的要求，与合同有关的记录在合同终止后应保留( )以上，或按照合同自身规定的期限保留。

    A. 半年　　　　　B. 一年　　　　　C. 两年　　　　　D. 三年

30. BE01 按照类目设置要求和生产实际运行需求，工艺基础技术资料档案的一级类目为生产技术管理类和( )。

    A. 基础建设类　　　　　B. 基本建设类　　　　　C. 基础资料类　　　　　D. 基本技术类

31. BE01 新建生产记录的格式由专业主管部门根据记录所属相关体系文件的要求和实际运行需要设计，并按照《体系文件管理程序》的要求进行审批。对于涉及多个部门、单位的记录要经( )最终确认。

    A. 主管领导　　　　　B. 技术人员　　　　　C. 分管副职　　　　　D. 班长

32. BE01 站场生产记录中，《运行参数综合日报表》的记录形式为( )，填写频次为( )。

    A. 电子；每日一次　　　　　　　　B. ERP；每 2h 一次

    C. PPS；每 2h 一次　　　　　　　　D. 纸质；每日一次

33. BE01 站场生产记录中，《站场综合值班记录》的记录形式为(　　)，填写频次为(　　)。

    A. 纸质；每日一次　　　　　　　　　　B. PPS；每班一次

    C. ERP；每日一次　　　　　　　　　　D. 电子；每班一次

34. BE01 站场生产记录中，《岗位巡检记录》的记录形式为(　　)，填写频次为(　　)。

    A. 纸质；每日一次　　　　　　　　　　B. 电子；每班一次

    C. PPS；每 2h 一次　　　　　　　　　D. ERP；每 2h 一次

35. BE01 站场生产记录中，《锁具动态管理台账》的记录形式为(　　)，归档资料夹或文件夹类别为(　　)。

    A. 纸质；操作票　　　　　　　　　　　B. 电子；锁定管理

    C. 纸质；锁定管理　　　　　　　　　　D. 电子；记录

36. BE02 站内管道及设备工艺编号，不得随意改变；如确需改变时，由(　　)向生产处申请，生产处批复后，通知运行调控单位后，方可进行。

    A. 输油气站　　　　B. 生产科　　　　C. 主管副经理　　　　D. 分公司

37. BE03 站内发现故障，需要上报生产科来协调维修队进行维修的业务是(　　)。

    A. 自行处理业务　　　　　　　　　　　B. 一般故障处理业务

    C. 专项维修业务　　　　　　　　　　　D. 大修业务

38. BE03 工单打印时候使用的事务代码(　　)。

    A. iw31　　　　　　B. iw32　　　　　　C. iw33　　　　　　D. iw23

39. BE03 巡检流程是由(　　)岗位来进行操作的。

    A. 生产科科员　　　B. 站队站员　　　C. 生产科科长　　　D. 站队站长

40. BE03 工单在下达之后，关闭之前需要进行的操作是(　　)。

    A. 编辑　　　　　　B. 审批　　　　　C. 完工确认　　　　D. 业务完成

41. BE03 工单下达所需要使用的事务代码是(　　)。

    A. iw31　　　　　　B. iw21　　　　　C. ie03　　　　　　D. ZR6PMRP001

42. BE03 非线路类快速处理记录单的事物代码是(　　)。

    A. Z1　　　　　　　B. Z2　　　　　　C. Z3　　　　　　　D. X1

43. BE03 创建非线路类自行处理作业单时，添加 WBS 计划号步骤中的项目分类"Z"指的是(　　)。

    A. 基本建设　　　　B. 日常零星维修　　C. 专项维修　　　　D. 财务专用

44. BE03 完成非线路类自行处理作业单的创建前，应该将作业单的用户状态手动从"编辑"改为(　　)状态。

    A. 完成　　　　　　B. 下达　　　　　C. 待审批　　　　　D. 关闭

45. BE03 对于 PPS 日报填报界面单元格颜色所代表的含义，以下哪项为错误(　　)。

    A. 红色代表非法字符　　　　　　　　　B. 绿色代表可录入、正常编辑

    C. 灰色代表不可录入　　　　　　　　　D. 绿色代表不可录入

46. BE03PPS 中新增或变更需求如何提交：(　　)。

    A. 提交给专业公司

    B. 提交到三级运维，之后三级运维提交给二级运维

C. 提交给二级运维

D. 提交给项目组

47. BE03 关于同一时间同一报表相关报表与固定报表的说法错误的是(　　)。

A. 暂存之后相关报表有数据，固定报表无数据

B. 相关报表与固定报表数据在任何情况下都是一致的

C. 提交待审核状态中相关报表有数据，固定报表无数据

D. 提交审核流程结束后相关报表与固定报表数据完全一致

二、判断题(对的画"√"，错的画"×")

第二部分　专业知识

工艺技术管理部分

(　　)1. BA01 干线漏油后，漏点相当于增加了一条支管，漏油点前面流量变小，漏点后面流量变大。

(　　)2. BA01 发生干线漏油后，离泄漏点越近压力下降越大。

(　　)3. BA01 出站泄压阀动作，而出站压力并未超过泄压阀设定值可以判断出站泄压阀为误动作。

(　　)4. BA01 改变泵的转速，不会改变泵的特性曲线。

(　　)5. BA02 操作票中操作过程可以与作业指导书中一致。

(　　)6. BA03 工艺及控制参数限值变更编制的变工方案不用包含管道概况。

(　　)7. BA04 集中巡检中发现问题不需要及时处理并汇报。

(　　)8. BA05 作业文件中可以包含被提升为公司企业技术标准的操作规程或规定。

(　　)9. BA06 首次或超过 6 个月未清管时，清管作业首枚清管器宜采用软质清管器。

(　　)10. BA06 速度较高和杂质较多的管道清管时，机械清管器不应设置泄流孔。

(　　)11. BA07 混油处理的基本方法有掺混和拔头。

(　　)12. BA07 减少混油量的措施之一是尽量提高管道的输量，避免小输量产生混油过多。

(　　)13. BA08 编制站内工艺管网投产方案不需要掌握投产项目的安全规程、操作规程。

站内管道及部件的管理部分

(　　)14. BB02 预防性维护主要指基于设备供货商推荐的做法和周期进行的维护，目的是使设备处于最优状况。

(　　)15. BB03 工艺工程师在对编制站内管道及部件检修计划时不需要考虑新建、改扩建项目对输量的影响。

工艺安全管理部分

(　　)16. BC01 HAZOP 分析方法易于掌握，使用引导词进行分析，既可扩大思路，又

175

可避免漫无边际地提出问题。

（　　）17. BC01 HAZOP 分析中的工艺参数是用于定性或定量设计工艺指标的简单词语，引导识别工艺过程的危险。

（　　）18. BC01 HAZOP 分析中的分析节点，又称工艺单元，指具体确定边界的设备（如两设备之间的管线）单元，对单元内工艺参数的偏差进行分析。

（　　）19. BC01 HAZOP 分析中的引导词是分析组使用引导词系统地对每个分析节点的工艺参数（如流量、压力等）进行分析后发现的系列偏离工艺指标的情况；偏差的形式通常是"引导词+工艺参数"。

（　　）20. BC01 SIL 安全完整性等级是由风险分析得来的，即通过分析风险后果严重程度、风险暴露时间和频率、不能避开风险的概率及不期望事件发生概率这 4 个因素综合得出。级别越高要求其危险失效概率越低。

（　　）21. BC01 HAZOP 分析工作尽量有所属各单位自主开展，由取得相应分析师资格的熟悉站场的技术人员组成分析小组进行分析。在技术和人员条件
不具备时，所属各单位可聘请专业技术机构开展 HAZOP 分析工作。

（　　）22. BC01 HAZOP 分析是将工艺图或操作程序划分为分析节点或操作步骤，然后，用偏差找出过程的危险。

（　　）23. BC01 HAZOP 分析组由 5~7 人组成。包括负责人、记录员、工艺技术人员、仪表及控制工程师、安全管理人员及熟悉过程设计和操作的人员。

（　　）24. BC02 编制专业安全检查表，检查表的内容主要是根据节假日前关注的安全生产重点及上级提出的要求来决定。

（　　）25. BC02 专业性检查是指专业部门组织，根据生产、特殊设备存在的问题或专业工作安排进行的安全生产检查。通过检查，及时发现并消除不安全因素。

（　　）26. BC03 锁定管理的锁定要求，工艺管线系统检维修作业时，应对与检维修管线直接连接的上下游带压的阀门分别进行锁定。

（　　）27. BC04 无意识不安全行为分析，行为者自身出现的生理及心理状况恶化（例如疾病、疲劳、情绪波动等）破坏了其正常行为的能力而出现危险性操作等，显然无意识不安全行为属于人的失误。

（　　）28. BC04 规范员工安全行为已成为当务之急，针对目前部分员工存在的不安全行为，要因势利导、实施控制。

工程项目管理部分

（　　）29. BD01 在现场运行条件允许的情况下，开工报告经过主管经理审核通过后，方可开始施工。

（　　）30. BD01 计划投资额 150 万元及以上工程项目。该类工程项目技术方案由各输油气单位报公司相关处室审查；审查后，形成书面审查意见，反馈给方案编制部门，进行修改、完善，然后报生产处备案。

（　　）31. BD01 对承包方和监理工作进行有效监督管理，执行《承包方 HSE 管理规定》。

工艺基础管理部分

（　　　）32. BE01 生产记录填写要及时、真实、内容完整、字迹清晰。各相关栏目签字不允许空白。如因某种原因不能填写的项目，应用"/"划去。

（　　　）33. BE01 原始生产记录不允许进行涂改，如有笔误或计算错误要修改原数据，应采用单杠划去原数据，在其上方写上更改后的数据即可。

（　　　）34. BE01 归档文件材料必须齐全、完整、准确。准确是指归档文件材料内容真实，签署和用印符合文书工作规范，纸质件与电子件内容相符。

（　　　）35. BE01 在同一年度内，二级类目按工程性质—问题分类，其中基本建设项目类的二级类目按管理职能分。

（　　　）36. BE01 记录样式一经确定，便不可以更改，必须完全无偏差地执行。

（　　　）37. BE01 凡上报或归档的记录，站场均应存底。

（　　　）38. BE01 工艺基础技术资料档案保管应当做到档案实体保护与档案信息安全保密并重，最大限度地延长档案信息寿命。

（　　　）39. BE01 生产记录应明确填写人、填写时间，如需审核、批准的相关记录应明确审核、批准人及审核批准时间。

（　　　）40. BE01 基本建设类技术资料的标识符号为 H。

（　　　）41. BE01 站场生产记录中，《调度令》有电子和纸质两种记录形式。

（　　　）42. BE01 站场生产记录中，《工艺操作票》的记录形式为电子。

（　　　）43. BE01 站场生产记录中，《锁定操作票》的归档资料夹类别为操作票。

（　　　）44. BE02 站内管道应按其工艺性能进行使用和标识，标识方法按《中国石油管道公司输油站内管道管理标准》执行。

（　　　）45. BE02 站内管道高低压交汇处一端需进行标示，并按适用标准和规程的要求进行操作控制和运行管理。

（　　　）46. BE03 一个工单可以对应多个 WBS 元素。

（　　　）47. BE03ERP 系统搜索时使用的"＊"为通配符。

（　　　）48. BE03 计量凭证数据中的功能位置必须重新查找，手动输入。

（　　　）49. BE03 在计量位置上输入里程桩的编号，可以使用桩号+＊，进行模糊查询，如输入 10＊，回车后就会将前面是"10"的里程桩都带出来。

（　　　）50. BE03 创建非线路类自行处理作业单时，填写工序步骤中的"编号"是指工作步骤；"期间"是"编号"中每个步骤对应的时间。

（　　　）51. BE03 创建线路类自行处理作业单时，选择订单类型为"线路类自行处理作业单"、PM 作业类型为"管线维修业务"。

（　　　）52. BE03 如需修改已提交的数据，需在 PPS 系统中向上级业务主管人员提交《数据修改申请表》，经同意后再进行修改并重新上报提交。

（　　　）53. BE03 当 PPS 系统不能正常登录或运行时，及时向本专业上级管理人员汇报，生产处或销售处业务主管人员接到汇报后及时向 PPS 系统项目组通报系统故障现象，由项目组进行故障排查，故障修复后，系统操作人员不需要将数据补录到系统。

（　　　）54. BE03 当计算机死机或停电等原因无法使用 PPS 系统时，此时可启动"应急纸质记录"，系统操作人员人工录入相应数据，同时向本专业上级管理人员汇报；计算机故障修复后，系统操作人员需要将手写记录数据补录到系统。

三、简答题

第二部分　专业知识

工艺技术管理部分

1. BA01 什么是全线系统分析法？
2. BA01 简述干线阀门关断处理方法。

站内管道及部件的管理部分

3. BB01 站内管道及部件日常巡检内容有哪些？
4. BB03 如何编制站内管道及部件维护保养计划的要求？

工艺安全管理部分

5. BC01 简述编制 HAZOP 分析报告的内容。
6. BC01 如何落实 HAZOP 分析报告提出的建议措施？
7. BC02 简述编制专业检查表应注意的问题。
8. BC04 简述编制安全生产检查表的基本内容。
9. BC03 简述工艺系统、设备的部门锁锁定要求。
10. BC03 简述部门锁的解锁条件。
11. BC03 简述部门锁的应急解锁条件。
12. BC03 简述个人锁的锁定要求。
13. BC03 简述锁定管理上锁挂牌的六步法。
14. BC03 简述锁定管理培训的内容。
15. BC03 简述个人锁的上锁要求。
16. BC04 什么叫有意识不安全行为？
17. BC04 什么叫无意识不安全行为？
18. BC04 简述不安全行为有哪些。

工程项目管理部分

19. BD03 简述管道公司项目选商分哪几种类型。
20. BD03 对于不同计划投资额的工程项目，审查部门及要求有什么不同？
21. BD03 工程开工管理应检查哪些内容，召开什么会议？

工艺基础管理部分

22. BE01 生产技术管理类档案中生产管理方面的基本范围包括哪些？
23. BE03 什么是线路类快速处理业务？

178

24. BE03 什么是非线路类一般故障维修业务？
25. BE03 非线路类一般故障维修业务流程中，工艺工程师负责哪几个部分？
26. BE03 计量凭证数据输入包括哪几个步骤？
27. BE03 场站作业类型和作业范围包括哪些？

高级资质理论认证试题答案

一、选择题答案

1. B 2. B 3. D 4. C 5. A 6. B 7. C 8. C 9. A 10. D
11. A 12. A 13. A 14. C 15. B 16. A 17. C 18. B 19. C 20. D
21. A 22. B 23. D 24. B 25. B 26. C 27. A 28. C 29. B 30. B
31. A 32. C 33. B 34. D 35. B 36. D 37. B 38. B 39. B 40. C
41. B 42. A 43. C 44. C 45. D 46. B 47. B

二、判断题答案

1. ×干线漏油后，漏点相当于增加了一条支管，漏油点前面流量变大，漏点后面流量减小。 2. √ 3. √ 4. ×改变泵的转速，实质也是改变泵的特性曲线。 5. ×操作过程与作业指导书中一致。 6. ×工艺及控制参数限值变更编制的变工方案应包含管道概况。 7. ×集中巡检中发现问题应及时处理并汇报。 8. √ 9. √ 10. ×速度较高和杂质较多的管道清管时，机械清管器宜设置泄流孔。 11. √ 12. √ 13. ×编制站内工艺管网投产方案不需要掌握投产项目的安全规程、操作规程。 14. √ 15. ×工艺工程师在对编制站内管道及部件检修计划时需考虑新建、改扩建项目对输量的影响。 16. √ 17. ×HAZOP 分析中的引导词用于定性或定量设计工艺指标的简单词语，引导识别工艺过程的危险。 18. √ 19. ×HAZOP 分析中的偏差是分析小组使用引导词系统地对每个分析节点的工艺参数（如流量、压力等）进行分析后发现的系列偏离工艺指标的情况；偏差的形式通常是"引导词+工艺参数"。 20. √ 21. √ 22. ×HAZOP 分析是将工艺图或操作程序划分为分析节点或操作步骤，然后，用引导词找出过程的危险。 23. √ 24. ×编制专业安全检查表，检查表的内容主要是根据生产实际情况、节假日前关注的安全生产重点及上级提出的要求来决定。 25. √ 26. √ 27. √ 28. ×规范员工安全行为已成为当务之急，针对目前部分员工存在的不安全行为，要因势利导、实施控制，实现人、机、环、管的有机统一。 29. √ 30. ×计划投资额 100 万元及以上工程项目。该类工程项目技术方案由各输油气单位报公司相关处室审查；审查后，形成书面审查意见，反馈给方案编制部门，进行修改、完善，然后报生产处备案。 31. √ 32. √ 33. ×原始记录不允许进行涂改，如有笔误或计算错误要修改原数据，应采用单杠划去原数据，在其上方写上更改后的数据，加盖更改人的印章或签上姓名及日期。 34. √ 35. ×在同一年度内，二级类目按管理职能—问题分类，其中基本建设项目类的二级类目按工程性质分。 36. ×工艺工程师可根据工作需要提出和设计记录格式的更改样式，并按照《体系文件管理程序》的规定进行审批。 37. √ 38. ×工艺基础技术资料档案保管应当做到档案实体保护与档案信息安全保密并重，最大限度地延长档案信息寿命。　39.√　40.×基本建设类技术资料的标识符号为 G。　41.√　42.×站场生产记录中，《工艺操作票》的记录形式为纸质。　43.×站场生产记录中，《锁定操作票》的归档资料夹类别为锁定管理。44.×站内管道应按其工艺性能进行使用和标识，标识方法按《中国石油管道公司输油站场可视化管理标准》执行。　45.×站内管道高低压交汇处两端需进行标示，并按适用标准和规程的要求进行操作控制和运行管理。　46.×一个工单只能对应一个 WBS 元素。　47.√48.×计量凭证数据中的功能位置由前面填写线路功能位置决定，系统会自动带出其编号。49.√　50.×创建非线路类自行处理作业单时，填写工序步骤中的"编号"是指几个人；"期间"是"编号"中每个人对应的时间。　51.√　52.√　53.×当 PPS 系统不能正常登录或运行时，及时向本专业上级管理人员汇报，生产处或销售处业务主管人员接到汇报后及时向 PPS系统项目组通报系统故障现象，由项目组进行故障排查，故障修复后，系统操作人员需要将数据补录到系统。　54.√

三、简答题答案

1. BA01 什么是全线系统分析法？

① 管道密闭输送时，上站来油的干线直接与下站泵的吸入管线相连，各输油站的输油泵采用串联工作方式；②输油站及站间管道的工况相互密切联系，类似一个站上的多台泵串联，整个输油管道形成一个密闭的连续的水力系统。

评分标准：答对①②各占 50%。

2. BA01 简述干线阀门关断处理方法。

① 干线截断阀关闭的保护程序内设定有一定的延迟时间，中控应先操作，恢复原来状态。若无法恢复则执行全线 ESD 程序，对于没有全线 ESD 保护的管道，阀门无法恢复，则立即手动紧急停输；②优先停邻近关断阀室的泵站，在保证压力限制范围内的情况下迅速停上游所有泵，再停输下游泵。

评分标准：答对①占 70%，答对②占 30%。

3. BB01 站内管道及部件日常巡检内容有哪些？

① 每天一次进行站内管道及部件的巡检；②对站内所有设备、管线、阀门、仪表以及附件进行检查，保持完好状态，使其正常运行；③工艺运行参数控制在上级调度规定的范围内，无异常参数；④工艺流程符合调度令要求；⑤站内地上工艺管网无锈蚀，表面漆、保温层完好；⑥现场在用锁具类型（个人锁、部门锁）及被锁定设施状态符合要求；⑦保持无渗漏、无油污、表面清洁卫生。

评分标准：答对①~⑥各占 15%，答对⑦占 10%。

4. BB03 如何编制站内管道及部件维护保养计划的要求？

① 根据规范要求，组织编制站内管道及部件维护保养计划；②将编制好的计划报送主管部门进行审批；③参与维护保养工器具的准备工作，参与实施并做好技术指导和现场管理；④能发现实施过程中出现的问题，并进行处理或提出处理建议；⑤完成资料收集、归档相关工作。

评分标准：答对①~⑤各占 20%。

5. BC01 简述编制 HAZOP 分析报告的内容。

① 说明开展 HAZOP 分析的范围、所采用的分析方法、参与分析的小组成员及详细的分析记录等。②编制分析报告时，主要结果包括潜在的危险情况、潜在的操作性问题、设计疏漏等主要有关问题。③分析成果为各系统分析报告工作表，包括偏差、引导词、原因、后果等项目。除了电子版本的分析报告外，宜再保留至少 2 份书面的报告，一份保存在档案室，另一份供整改使用。④被检单位利用 HAZOP 分析报告改进工艺系统的设计、改善操作方法及优化操作程序、维护程序、编制操作人员培训材料、准备应急反应预案，它还是今后开展 HAZOP 分析复审的参考材料。

评分标准：答对①~④各占 25%。

6. BC01 如何落实 HAZOP 分析报告提出的建议措施？

① HAZOP 分析报告提交后，被检单位要制订具体的计划，落实分析报告所提出的建议措施；②被检单位应该在规定的时间内完成分析报告所提出的全部建议措施，可以将建议措施分成不同等级，优先的项宜在最短的时间内完成，如果在分析过程中，发现某项操作存在严重的危害，应立即整改；③分析报告所提出的建议措施都应该加以落实，但有时候因为现场条件的限制，所提出的建议措施不能落实，或有更好的替代方案，出现这种情况时，需要进行评估，并有书面记录说明不落实原有建议措施的理由。

评分标准：答对①②各占 40%，答对③占 20%。

7. BC02 简述编制专业检查表应注意的问题。

① 检查表内容要重点突出，简繁适当，有启发性；②检查表的项目、内容，应针对不同被检查对象有所侧重，分清各自职责内容；③检查表的每项内容要定义明确，便于操作；④检查表的项目、内容能随工艺的改造、设备的变动、环境的变化和生产异常情况的出现而不断修订、变更和完善；⑤凡能导致事故的一切不安全因素都应列出，以确保各种不安全因素能及时被发现或消除；⑥实施检查表应依据其适用范围，检查人员检查后应签字，对查出的问题要及时反馈到各相关部门并落实整改措施，做到责任明确。

评分标准：答对①~⑤各占 18%，答对⑥占 10%。

8. BC04 简述编制安全生产检查表的基本内容。

① 安全检查表，是事先把系统加以剖析，列出各层次的检查要素，确定检查项目，并把检查项目按系统的组成顺序编制成表，以便进行检查或评审；②安全检查表是进行安全生产检查，发现和查明各种危险和隐患，监督各项安全生产规章制度的实施，及时发现事故隐患并制止违章行为的一个有力工具；③安全检查表应列举需查明的所有可能会导致事故的不安全因素，每个检查表均需注明检查时间、检查者、直接负责人等，以便分清责任；安全检查表的设计应做到系统、全面，检查项目应明确。

评分标准：答对①②各占 30%，答对③占 40%。

9. BC03 简述工艺系统、设备的部门锁锁定要求。

① 对正在检维修的系统、设备，当确认风险较大时，应对其上下游带压阀门进行锁定，锁定位置可以与个人锁的锁定位置一致；②对存在隐患停用或未投运的系统或设备，应对其上下游带压阀门或设备进行锁定；③根据生产运行需要宜对停用的流程进行锁定，例如计量比对流程；④当罐体的排污阀为单体阀门且阀门下游无盲板或堵头时，应对其排污阀进行锁定。

评分标准：答对①~④各占 25%。

10. BC03 简述部门锁的解锁条件。

① 所属各输油气单位生产部门根据运行需要，以书面通知形式下发至输油气站场，站场按要求执行；②站场根据生产运行或作业情况，需要对使用部门锁进行锁定的设备进行解锁操作时，应提前以书面形式向所属各输油气单位生产部门提交申请报告或在作业方案中明确，经所属各输油气单位生产部门审核同意后执行；③应在主管技术人员监护下，拆除部门锁和锁吊牌；④主管技术人员将部门锁钥匙和"锁定操作票"交值班人员进行解锁；⑤如出现上锁人将钥匙丢失的情况，应向主管技术人员申请使用备用钥匙，并履行书面审批手续；⑥站场值班人员收到部门锁、钥匙、锁定用具、锁吊牌及"锁定操作票"后应做记录，主管技术人员及时将解锁情况书面反馈给生产部门。

评分标准：答对①~④各占 20%，答对⑤⑥各占 10%。

11. BC03 简述部门锁的应急解锁条件。

① 应急解锁是指在紧急情况下，因生产运行或事故处理的紧急需要，需要提前解锁的工作，站长决定启动应急解锁程序；②决定启动应急解锁程序后，主管技术人员通知要解锁区域内所有人员即将解锁；③开锁前，主管技术人员应确认设备的状态，在安全的情况下，立即拆除锁和锁吊牌并通知相关岗位值班人员；④应急解锁后应将解锁情况书面反馈给生产部门。

评分标准：答对①~④各占 25%。

12. BC03 简述个人锁的锁定要求。

① 工艺管线系统检维修作业时，应对与检（维）修管线直接连接的上下游带压的阀门分别进行锁定；②压力容器检（维）修作业时，应对与作业压力容器进口、出口阀门及与其直接连接且上游带压的阀门分别进行锁定；③放空、排污系统检（维）修作业时，应对与作业管段直接连接的上下游带压的放空、排污阀分别进行锁定；对于放空、排污系统与上游连接管线过多的情况可以考虑锁定与打盲板结合的方式；④当需要锁定的阀门是电动阀门时，应将转换开关拨到停止位置并锁定，同时将手轮进行锁定。

评分标准：答对①~④各占 25%。

13. BC03 简述锁定管理上锁挂牌的六步法。

① 辨识：上锁挂牌前，辨识所有危险能量和物料的来源；②隔离：对辨识出的危险能量明确隔离点和类型；③上锁挂牌：根据隔离清单选择合适的锁具和标牌；④确认：清除现场危险物品，危险源已被隔离并沟通；⑤实施作业；⑥开锁并进行通知沟通。

评分标准：答对①~④各占 20%，答对⑤⑥各占 10%。

14. BC03 简述锁定管理培训的内容。

① 锁的类型和目的；②锁定目的；③如何识别有危害的能源；④隔离控制能源的方法；⑤设备意外通电的危害；⑥设备误操作的危害。

评分标准：答对①~④各占 20%，答对⑤⑥各占 10%。

15. BC03 简述个人锁的上锁要求。

① 参加作业人员应与熟悉现场的主管技术人员对作业过程可能造成意外伤害的危险源进行识别，确定危险源及需要锁定的部位，并在作业方案中明确具体锁定方案；②站长或主管技术人员组织相关人员依据锁定方案进行锁定，并指定作业监护人负责该项作业；③作业

监护人通知作业人员对预先确定的设备进行锁定，解释锁定的原因，说明锁定要求和方法；④作业人员填写《锁定操作票》向值班人员领取个人锁、钥匙、锁定用具及锁吊牌；⑤作业监护人监督作业人员对设备逐一进行锁定和锁吊牌，作业人员将钥匙随身携带；⑥根据作业需要，多名作业人员应对影响自身安全的同一部位各自锁定。

评分标准：答对①~④各占20%，答对⑤⑥各占10%。

16. BC04 什么叫有意识不安全行为？

① 意识是人心理活动的最高形式，人的行为的自觉性、目的性以及评价、调节和自我控制能力等都具有意识的基本特征；②有意识不安全行为是指，行为者为追求行为后果价值对行为的性质及行为风险具有一定认识的思想基础上，表现出来的不安全行为。

评分标准：答对①②各占50%。

17. BC04 什么叫无意识不安全行为？

① 无意识不安全行为是指行为者在行为时不知道行为的危险性，或者没有掌握该项作业的安全技术，不能正确地进行安全操作；②行为者由于外界的干扰（如违章指挥等），而采用错误的违章违纪作业；③行为者自身出现的生理及心理状况恶化(例如疾病、疲劳、情绪波动等)破坏了其正常行为的能力而出现危险性操作等，显然无意识不安全行为属于人的失误。

评分标准：答对①②各占40%，答对③占20%。

18. BC04 简述不安全行为有哪些。

① 操作失误，忽视安全，忽视警告；②用手代替工具进行操作；③冒险进入危险场所；④攀、坐不安全位置，主要是指攀或坐平台护栏、汽车挡板、吊车吊钩等不安全位置；⑤未正确使用个人防护用品；⑥物品储存摆放不当，特别是对易燃、易爆危险品和有毒物品储存处理不当。

评分标准：答对①~④各占20%，答对⑤⑥各占10%。

19. BD03 简述管道公司项目选商分哪几种类型。

① 必须招标项目；②20万元(含)以上不需招标项目，可通过招标、谈判、询价等进行选商，结果报招标领导小组审批；③20万元以下定额预算项目，直接选商；④20万元以下非定额预算，由项目管理部门组织各部门进行谈判，并编制谈判总结，谈判结果报分管领导审批。

评分标准：每项答对各占25%。

20. BD03 对于不同计划投资额的工程项目，审查部门及要求有什么不同？

① 对于计划投资额50万元及以下工程项目，技术方案由各输油气单位自行组织审查，并形成审查意见；②对于计划投资额50万元至100万元工程项目，技术方案由各输油气单位依据本办法组织审查，形成审查意见，报公司生产处备案；公司生产处在接到各输油气单位上报备案的审查意见后，如发现问题，应在5个工作日内反馈书面意见，否则可视为认同；③对于计划投资额100万元及以上工程项目，该类工程项目技术方案由各输油气单位报公司生产处审查；审查后，形成书面审查意见，反馈给方案编制部门，进行修改、完善，然后报生产处备案。

评分标准：答对①占30%，答对②③各占35%。

21. BD03 工程开工管理应检查哪些内容，召开什么会议？

承包方确认现场可以开始施工后，编制上报开工报告，由各输油气单位的生产科组织安全科、计划科的相关人员对①施工现场准备情况；②施工方案；③作业计划书；④开工报告进行检查。在现场运行条件允许的情况下，开工报告经过主管经理审核通过后，方可开始施工。在工程项目正式施工前，生产科应组织设计单位、承包单位、监理单位和建设单位的相关人员在施工现场召开⑤技术交底会议。会议内容应包括⑥工程技术要求；⑦风险识别及消减措施；⑧现场 HSE 管理要求；⑨工期安排；⑩资料管理要求等相关内容。

评分标准：答对①~④各占 10%，答对⑤占 35%，答对⑥~⑩各占 5%。

22. BE01 生产技术管理类档案中生产管理方面的基本范围包括哪些？

业务描述：①综合性文件；②生产组织；③调度指挥工作；④输油气生产报表；⑤生产运行记录；⑥能源管理；⑦油气销售；⑧技术改造；⑨供排水管理等。

评分标准：答对①~⑦各占 10%，答对⑧⑨各占 15%。

23. BE03 什么是线路类快速处理业务？

业务描述：①当线路管道及部件发生简单的故障或需进行维护保养时；②站队员不需上报分公司，自己就可以解决；③问题排除后直接在 SAP 系统创建并关闭线路类快速处理记录单。

评分标准：答对①②各占 30%，答对③占 40%。

24. BE03 什么是非线路类一般故障维修业务？

业务描述：①当站场管道及部件发生故障或需进行维护保养时；②站员马上上报站长，由站长审批报修单；③之后由二级单位相关科室创建故障作业单；④同时二级单位科室人员判断故障是由谁进行处理。

评分标准：答对①~④各占 25%。

25. BE03 非线路类一般故障维修业务流程中，工艺工程师负责哪几个部分？

业务描述：①创建非线路类故障报修单；②在维检修作业完工之后，确认问题已排除；③关闭非线路类故障报修单。

评分标准：答对①③各占 30%，答对②占 40%。

26. BE03 计量凭证数据输入包括哪几个步骤？

业务描述：①输入里程桩编号；②自动带出里程桩计量点；③选择计量点；④填写维修位置；⑤返回记录单界面。

评分标准：答对①~⑤且顺序正确各占 20%。

27. BE03 场站作业类型和作业范围包括哪些？

业务描述：①作业类型分为：一般、紧急、普通；②场站作业范围包括：①管线作业、②管段作业、③场站作业、④阀室作业。

评分标准：答对①占 40%，答对②占 60%。

高级资质工作任务认证

高级资质工作任务认证要素细目表

模块	代码	工作任务	认证要点	认证形式
一、工艺技术管理	S-GY-01-G08	站内工艺管网投产	编制站内工艺管网投产方案	方案编制
二、站内管道及部件管理	S-GY-02-G03	站内管道及部件检测计划编制	编制站内管道及部件检修计划	方案编制
三、工艺安全管理	S-GY-03-G01	站场 HAZOP 分析的实施	编制 HAZOP 分析报告	步骤描述
	S-GY-03-G02	油气管道设施锁定管理	油气管道设施锁定管理的锁具的管理与维护	步骤描述
	S-GY-03-G03	作业现场安全管理	签发作业许可的书面审查与现场审查	步骤描述
四、工程项目管理	S-GY-04-G01	站场工程项目管理	技术方案编制	技术方案编制
五、工艺基础管理	S-GY-05-G01	工艺基础技术资料管理	生产记录综合管理	步骤描述
	S-GY-05-G02	ERP 应用	线路类一般故障维修流程操作	技能操作
	S-GY-05-G03	PPS 应用	填报 PPS 数据修改申请	技能操作

高级资质工作任务认证试题

一、S-GY-01-G08 站内工艺管网投产——编制站内工艺管网投产方案

1. 考核时间：40min。
2. 考核方式：方案编制。
3. 考核评分表。

考生姓名：_____ 单位：_____

序号	工作步骤	工作标准	配分	评分标准	扣分	得分	考核结果
1	前期准备	①进行前期调研，收集、整理有关的图纸、说明书等技术资料；②掌握投产项目的安全规程、操作规程	30	每缺一项的内容扣15分			

续表

序号	工作步骤	工作标准	配分	评分标准	扣分	得分	考核结果
2	编写方案	①投产方式； ②投产组织结构及职能； ③管理规定和制度； ④投产实施步骤、要求和行为标准； ⑤应急处置； ⑥记录	30	每缺一项的内容扣5分			
3	报上级主管部门审批	①报送上级主管审批； ②对审批存在的问题进行修改	40	未做①扣10分； 未做②扣30分			
	合计		100				

考评员　　　　　　　　　　　　　　　　　　　　　　　　年　　月　　日

二、S-GY-02-G03 站内管道及部件检测计划编制——编制站内管道及部件检修计划

1. 考核时间：40min。
2. 考核方式：步骤描述。
3. 考核评分表。

考生姓名：＿＿＿＿＿＿＿＿＿　　　　　　　　　　　　单位：＿＿＿＿＿＿＿＿＿

序号	工作步骤	工作标准	配分	评分标准	扣分	得分	考核结果
1	检修时间安排	检测工作尽量安排在上游单位、下游用户进行设备检修时进行	30	时间安排无法实施扣30分			
2	影响范围	应考虑维护周期对系统输量、上游供油单位和下游用户的影响	30	未确定影响范围扣30分			
3	新、改扩建项目影响	还需要考虑新建、改（扩）建项目对输量的影响	30	未考虑新建、改（扩）建扣30分			
4	优先顺序	考虑各项任务的优先顺序，制订时间计划表	10	不能按照轻重缓急的顺序安排检修计划扣10分			
	合计		100				

考评员　　　　　　　　　　　　　　　　　　　　　　　　年　　月　　日

三、S-GY-03-G01 站场 HAZOP 分析的实施——编制 HAZOP 分析报告

1. 考核时间：50min。
2. 考核方式：步骤描述。
3. 考核评分表。

考生姓名：_____　　　　　　　　　　　　　　单位：_____

序号	工作步骤	工作标准	配分	评分标准	扣分	得分	考核结果
1	HAZOP 分析的目的	①介绍项目背景、工作范围、遵循的标准规范等内容；②分析的目的：a. 找出系统运行中工艺状态参数（如温度、压力、流量等）的变动以及操作、控制中出现的偏差或偏离，分析每一偏差产生的原因和造成的后果；b. 查找工艺漏洞，提出安全措施或异常工况的控制方案；c. 识别工艺生产或操作过程中存在的危害，识别不可接受的风险状况	20	①无项目背景介绍扣5分；②少说出分析目的一条扣5分			
2	HAZOP 分析的准备工作	①HAZOP 分析的依据的图纸和资料，主要有：工艺流程图（PFD）、管道和仪表流程图（P&ID）、设计基础、工艺控制说明、仪表控制逻辑图或因果图、总平面布置图等；②HAZOP 分析的依据流程	10	①没有说清楚 HAZOP 分析所依据的图纸和资料扣5分；②未说明 HAZOP 分析的依据的流程扣5分			
3	工艺装置概况介绍	①工艺装置简介；②工艺流程说明	10	①未介绍工艺装置扣5分；②没有流程说明扣5分			
4	HAZOP 分析介绍	①HAZOP 分析方法介绍；②HAZOP 分析小组的组成：一般由 HAZOP 主席、HAZOP 秘书、工艺工程师、仪表工程师、安全工程师、操作人员代表组成；③HAZOP 分析的范围；④HAZOP 分析时间和地点	15	①未说明 HAZOP 分析方法扣5分；②未介绍分析小组的组成扣3分；③未说明分析的范围扣4分；④未说明分析时间和地点扣3分			
5	HAZOP 分析的结论	①HAZOP 分析结果；a. 通过对工艺过程和操作进行检查，识别出系统中可能存在的设计缺陷、设备故障、操作过程中的人员失误等可能带来的安全影响；b. 列出偏离正常工艺状态的偏差、导致偏差的原因、可能出现的后果；②HAZOP 分析建议措施说明：针对偏差评估现有的工程和程序上的安全设施的适当性，提出建议和控制措施，从而减少事故发生的频率和后果	35	①分析结果少第一项（识别系统存在的设计缺陷、设备故障、操作员失误）扣12分；②未列出偏离正常工艺状态的偏差、导致偏差的原因、可能出现的后果扣13分；③没有 HAZOP 分析建议措施说明扣10分			

序号	工作步骤	工作标准	配分	评分标准	扣分	得分	考核结果
6	附录	①HAZOP 记录表；分析记录包括所有的重要意见；②HAZOP 分析建议汇总；③会议所用图纸和相关资料清单	10	①没有 HAZOP 记录表扣 3 分；②没有 HAZOP 分析建议汇总扣 4 分；③没有图纸和相关资料清单扣 3 分			
	合计		100				

考评员　　　　　　　　　　　　　　　　　　　　　　年　　月　　日

四、S-GY-03-G02 油气管道设施锁定管理——油气管道设施锁定管理的锁具的管理与维护

1. 考核时间：30min。
2. 考核方式：步骤描述。
3. 考核评分表。

考生姓名：＿＿＿＿＿＿＿＿＿＿　　　　　　　　　　单位：＿＿＿＿＿＿＿＿＿＿

序号	工作步骤	工作标准	配分	评分标准	扣分	得分	考核结果
1	锁具管理	输油气站根据本站具体情况在运行岗位配备锁具、锁吊牌、锁挂板	10	未在运行岗位配备锁具、锁吊牌、锁挂板扣 10 分			
		每把锁具均应编号，并将主用钥匙插在锁上；锁具的规格一致；锁具只能用于锁定，不应用于其他用途	15	①锁具没有编号扣 5 分；②未将主用钥匙插在锁上扣 5 分；③锁具的规格配备不一致扣 5 分			
		每把锁具的主用钥匙应为唯一；作业结束后，锁具、锁吊牌、锁定用具及《锁定操作票》应一并交还值班人员	15	作业结束后，锁具、锁吊牌、锁定用具及《锁定操作票》未交还值班人员扣 15 分			
		个人锁锁定情况记录到运行交接班日记中；部门锁锁定情况记录到设备技术档案中	10	①个人锁锁定情况未记录到运行交接班日记中扣 5 分；②部门锁锁定情况未记录到设备技术档案中扣 5 分			
		值班人员负责建立并保管锁具动态管理台账，技术人员定期对锁具使用及备用情况进行检查，及时整改存在的问题，并记录于《锁具动态管理台账》	10	①技术人员未定期对锁具使用及备用情况进行检查扣 5 分；②未记录于《锁具动态管理台账》扣 5 分			
		站长或技术人员负责保管备用钥匙	5	站长或技术人员没有负责保管备用钥匙扣 5 分			

188

续表

序号	工作步骤	工作标准	配分	评分标准	扣分	得分	考核结果
2	锁具日常维护	值班人员应每天检查被锁定的部位的牢靠性，锁具、锁吊牌完好性，锁吊牌上的书写内容清晰	10	值班员未检查被锁定的部位的牢靠性，锁具、锁吊牌完好性扣10分			
		值班人员应及时清理已上锁的各种锁具存在的锈蚀、污物	10	值班员未及时清理锁具存在的锈蚀、污物扣10分			
		每班检查锁具齐全、完好	5	每班未检查锁具齐全、完好扣5分			
		站长或主管技术人员应每月组织一次检查，确保锁定部位安全，锁具灵活、好用	10	站长或技术人员没有按每月检查一次锁定部位扣10分			
	合计		100				

考评员　　　　　　　　　　　　　　　　　　　　　　　年　　月　　日

五、S-GY-03-G03 作业现场安全管理——签发作业许可的书面审查与现场审查

1. 考核时间：30min。
2. 考核方式：步骤描述。
3. 考核评分表。

考生姓名：_____　　　　　　　　　　　　单位：_____

序号	工作步骤	工作标准	配分	评分标准	扣分	得分	考核结果
1	书面审查	①确认所有的相关支持文件，包括风险评估、作业计划书或风险管理单、作业区域相关示意图、作业人员资质证书等	10	①未确认所有的相关支持文件作业人员资质证书等扣10分			
		②确认安全作业所涉及的其他相关规范遵循情况	5	②未确认安全作业所涉及规范遵循情况扣5分			
		③确认作业前、作业后应采取的所有安全措施，包括应急措施	10	③未确认作业前、后应的所有安全措施，扣10分			
		④分析、评估周围环境或相邻工作区域间的相互影响，并确认安全措施	10	④未确认、分析、评估周围环境相邻工作区间影响和安全措施扣10分			
		⑤确认许可证期限及延期次数	5	⑤未确认许可证期限及延期次数扣5分			

续表

序号	工作步骤	工作标准	配分	评分标准	扣分	得分	考核结果
2	现场审查	①与作业有关的设备、工具、材料等	5	①未审查与作业有关的设备、工具、材料等扣5分			
		②现场作业人员资质及能力情况	5	②未审查现场作业人员资质及能力情况扣5分			
		③系统隔离、置换、吹扫、检测情况	10	③未审查系统隔离、置换、吹扫、检测情况扣10分			
		④个人防护装备的配备情况	10	④未审查防护装备的配备情况扣10分			
		⑤安全消防设施的配备，应急措施的落实情况	10	⑤未审查消防设施的配备，应急措施的落实情况扣10分			
		⑥培训、沟通情况	5	⑥未审查培训、沟通情况扣5分			
		⑦作业计划书或风险管理单中提出的其他安全措施落实情况	10	⑦未审查作业计划书或风险管理单中提出的其他安全措施落实情况扣10分			
		⑧确认安全设施的提供方，并确认安全设施的完好性	5	⑧未审查安全设施的提供方，确认安全设施完好性扣5分			
	合计		100				

考评员　　　　　　　　　　　　　　　　　　　　　　年　　月　　日

六、S-GY-04-G01 站场工程项目管理——技术方案编制

1. 考核时间：40min。
2. 考核方式：步骤描述。
3. 考核评分表。

考生姓名：＿＿＿＿＿＿＿＿＿　　　　　　　　　　　　　单位：＿＿＿＿＿＿＿＿＿

序号	工作步骤	工作标准	配分	评分标准	扣分	得分	考核结果
1	描述工程概况	具体准确描述工程主要情况、主要工程量及技术经济指标	5	没有描述工程概况、工程量每项扣2分			
2	编制工程技术方案的依据和原则	详细列出方案编制依据的标准、规范、管理办法和规定等，要求全面详细、有据可查	10	缺少方案编制依据扣10分；每缺少一项扣1分			

续表

序号	工作步骤	工作标准	配分	评分标准	扣分	得分	考核结果
3	收集、分析该作业的基础数据	收集技术方案涉及的基础参数及工艺、热力、电力等参数的计算成果	10	缺少基础参数的收集及分析，每项扣5分			
4	提供各类施工资料及图纸	提供资料及图纸应包括主要设备选型、方案设计总图、工作原理和流程示意图、控制原理图、主要部件图等	5	每缺少一项扣1分			
5	制定安全措施	方案中提出消防器材的配置；编制安全、环保措施	10	没有编制安全环保措施扣10分			
6	编制施工步骤，并提出技术要求	详细编制施工步骤，并根据施工内容提出安全要求和技术要求	30	施工步骤每缺一项扣5分，没有提出安全要求扣5分，没有技术要求扣10分			
7	对作业风险进行分析，制定防控措施	识别作业中的风险并进行分析，制订防控措施	20	没有识别风险扣10分，没有制订防控措施扣10分			
8	估算投资	按照工程量估算投资	5	没有估算投资扣5分			
9	安排工程实施进度		5	没有进度安排扣5分			
		合计	100				

考评员   年   月   日

七、S-GY-05-G01 工艺基础技术资料管理——生产记录填写、收集归档

1. 考核时间：20min。
2. 考核方式：步骤描述。
3. 考核评分表。

考生姓名：_____   单位：_____

序号	工作步骤	工作标准	配分	评分标准	扣分	得分	考核结果
1	填写生产记录	①记录填写要及时、真实、内容完整、字迹清晰。各相关栏目签字不允许空白，如因某种原因不能填写的项目，应用"/"划去；②记录应明确填写人、填写时间，如需审核、批准的相关记录应明确审核、批准人及审核、批准时间；③原始记录不允许进行涂改，如有笔误或计算错误要修改原数据，应采用单杠划去原数据，在其上方写上更改后的数据，加盖更改人的印章或签上姓名及日期	30	发现①中记录填写的真实性、完整性或清晰程度一处不合格扣3分，各相关栏目签字出现空白扣3分；发现②中一处人员或时间填写错误扣2分；原始记录修改错误扣10分			

续表

序号	工作步骤	工作标准	配分	评分标准	扣分	得分	考核结果
2	生产记录收集、归档	定期收集整理本岗位产生的记录报表： ①编制记录清单； ②将记录报表按时间顺序装订成册后保存； ③凡上报或归档的记录，站场应存底	15	未按照①要求编制记录清单扣5分； 未按照②要求装订成册保存扣5分； 未按照③要求存底扣5分			
3	生产记录的检索和借阅	①站场人员需要检索查询或借阅已归档的记录，须经所在站队负责人批准； ②若检索涉及企业保密内容的记录时，记录的保管站队应经主管副总经理批准后，方可提供相应的记录	20	未按照①或②要求检索、借阅生产记录扣10分			
4	记录的编码、编目储存和保护	①对于目前已经在业务流程中形成的记录，仍沿用内控业务流程的样式和表单号； ②对于新产生的记录，按照《体系文件编写指南》进行编码； ③记录应按照类别定期装订成册编目保存； ④记录应有适宜的保存条件，以防止人为的或意外的丢失、受损或失密，同时也便于查阅； ⑤对于电子版的记录要采取必要的控制措施，如定期检查、备份等，防止储存的内容丢失	35	发现①~⑤记录的编码、编目储存和保护的执行过程中，有一处未按要求进行扣7分			
	合计		100				

考评员　　　　　　　　　　　　　　　　　　　　　　　　　　　　　年　　月　　日

八、S-GY-05-G02 ERP 应用——线路类一般故障维修流程操作

1. 考核时间：20min。
2. 考核方式：技能操作。
3. 考核评分表。

考生姓名：_____　　　　　　　　　　　单位：_____

序号	工作步骤	工作标准	配分	评分标准	扣分	得分	考核结果
1	创建线路类故障报修单	①进入建立 PM 通知单的界面，按照假设的某线路故障信息填写； ②填写相关数据； ③故障时间； ④报修位置的里程桩； ⑤生成报修单	60	未正确进入界面扣30分；发现②③④中的一处填写错误扣10分，未生成报修单扣分30分			

序号	工作步骤	工作标准	配分	评分标准	扣分	得分	考核结果
2	确认问题已排除	①进入更改报修单界面； ②选择"问题已排除"选项； ③保存	20	未正确进入修改界面扣20分；发现②③中的一处错误扣10分			
3	关闭线路类故障报修单	①进入通知单界面； ②点击"完成"按钮； ③保存； ④退出	20	发现①②③④中的一处错误扣5分			
	合计		100				

考评员　　　　　　　　　　　　　　　　　　　　　　　年　　月　　日

九、S-GY-05-G03 PPS 应用——填报 PPS 数据修改申请

1. 考核时间：20min。
2. 考核方式：技能操作。
3. 考核评分表。

考生姓名：＿＿＿＿＿＿＿＿＿　　　　　　　　　　单位：＿＿＿＿＿＿＿＿＿

序号	工作步骤	工作标准	配分	评分标准	扣分	得分	考核结果
1	进入数据修改申请填报页面	①登录某输油气站场 PPS 系统； ②点击"运维管理"； ③点击"数据修改申请"； ④进入填报页面	20	未正确登陆扣20分；发现②③中的一处错误扣5分，未进入填报页面扣分10分			
2	填写数据修改申请表	在申请表中填入： ①申请人姓名； ②申请单位； ③申请人电话； ④数据类别； ⑤修改原因； ⑥修改内容。 上传附件	60	发现①②③④⑤⑥中的一处填写错误扣8分；未正确上传附件扣12分			
3	提交至审核人	①选择对应的审核人； ②点击"提交"即可上传数据修改申请	20	发现①②中的一处错误扣10分			
	合计		100				

考评员　　　　　　　　　　　　　　　　　　　　　　　年　　月　　日

参 考 文 献

[1] 康勇. 油气管道工程[M]. 北京：中国石化出版社，2008.

[2] 李长俊. 天然气管道输送[M]. 北京：中石油工业出版社，2008.

[3] 黄春芳. 天然气管道输送技术[M]. 北京：中国石化出版社，2011.

[4] 黄春芳. 石油管道输送技术[M]. 北京：中国石化出版社，2012.

[5] GB 50369—2014 油气长输管道工程施工及验收规范[S].

[6] GB 50251—2015 输气管道工程设计规范[S].

[7] SY/T 5922—2012 天然气管道运行规范[S].